脱炭素化入門シリーズ

都市の脱炭素化の実践

［編著］
小端 拓郎

［執筆］
小端 拓郎　田中 信一郎　中山 琢夫　山下 紀明　白石 賢司

大河出版

Implementing Urban Decarbonization

Edited and written by
Takuro Kobashi

Written by
Takuro Kobashi
Shinichiro Tanaka
Takuo Nakayama
Noriaki Yamashita
Kenji Shiraishi

Published by
TAIGA Publishing Co., Ltd.

はじめに

2022年末には、コロナの影響が漸く収まってきた。しかし、その一方で、世界の需要の高まりやロシアのウクライナ侵攻の影響も加わり、エネルギー価格は急上昇した。このエネルギー危機も、再エネやEVへのシフト、つまり脱炭素化を加速させるより強い原動力となった。日本では、2050年カーボンニュートラルに向けた100の先行地域の選抜も始まり、各自治体で脱炭素化へ向けた動きが活発化してきた。また、太陽光発電の技術も進展し、コスト下落、高効率、デザイン、重さ、可塑性が加わることで、様々な脱炭素ビジネスが生まれつつある。これを、今後普及の進むEVや蓄電池、エコ給湯、ヒートポンプなどと組み合わせることで、太陽光発電の経済性は、さらに高まり都市の脱炭素化はより加速していく。しかし、2050年にカーボンニュートラルを実現するためには市場の原理だけでは間に合わない。市民、行政、企業、NGO、市民団体が協力して、新しいビジネスモデルの構築や、規制改革、補助金、税金など様々なイノベーションを通じて脱炭素化を加速しなければならない。

本書、都市の脱炭素化シリーズ第2弾「都市の脱炭素化の実践」は、これらの動きを学ぼうとする方々に向けて準備された。お話を頂いてから2年という月日が過ぎようとしているが、大河出版の担当者・古川英明氏、社長・吉田幸治氏には前回に続き大変お世話になった。本書が、日本の脱炭素化を少しでも早め、さらに日本の活性化にも役立つことを祈りつつ、ここに筆をおく。

2023年3月15日

東北大学大学院環境科学研究科 准教授
小端 拓郎

この本の使い方

本書、「脱炭素化入門シリーズ」:『都市の脱炭素化の実践』は、都市の脱炭素化を新しく学ぶ人たちに、わかり易く解説することを目的としている。本書に先立って発売された「脱炭素化入門シリーズ」第1弾『都市の脱炭素化』は、様々なトピックを21人の専門家が各章ごとに解説した。第2弾となる本書では、地方自治体やコミュニティが、都市の脱炭素化を行う際に必要な実践向けのテーマを、より詳しく解説することを目指している。この二つの書籍を合わせて読むことで、都市の脱炭素化を、深く理解することができる。大学の講義でも使用できるように各章は組まれており、questions 等を活用して学生の理解を深めることができる。本書は、1章から5章までで構成されており、気候変動と都市の脱炭素化に関する基礎から、地方自治体が行う公共政策、コミュニティによる再生可能エネルギーの活用方法、再エネのビジネスモデル、カリフォルニアの先進的な取り組みを解説している。各章は、3-5つのセクションで区切られており、最初に「この章の位置づけ」で章の概略を示し、「この章で学ぶこと」は、各セクションのテーマを数行で説明している。各セクションには、いくつかの keywords が示され、関連する小話が「BOX」内で解説されている。セクションの最後のサマリーを読むことで、そのセクションの重要な点を再確認し、questions によって学んだことを再考することで章の内容を定着させることができる。questions の回答例は、巻末に収録されている。各章は、ある程度独立しているため、個別に読んでもかまわないが、最初から通して読むことで都市の脱炭素化をより系統的に理解できる。また、巻末には索引が加えてあるから、単語から本の関連ページを探すことも可能である。

第1章『気候変動と都市の脱炭素化』では、気候変動と都市の脱炭素化の基礎と、そして、エネルギー・トランジッション（移行）に関して解説する。特に、屋根上太陽光発電と EV を駆使して、都市の脱炭素化を行うために有効な技術経済性分析を、京都市の例を通じて解説する。また、エネルギー・トランジッションとは、既存のエネルギー技術を脱炭素化技術に切り替えることを意味するが、このプロセスを社会技術トランジッション理論によって説明する。そして、エネルギー・トランジッションには欠かせない公平性の視点を紹介する。セクション1では、自然システムを長期的視点で解説し、なぜ私たちの世代が脱炭素化を急がなければならないのか理解する。セクション2では、都市のエネルギーの使用と CO_2 排出の状況を学ぶ。セクション3では、技術経済性分析を使って、どのように経済性の高い都市の脱炭素化を実現するかを学ぶ。セクション4では、化石燃料を使ったシステムから、再エネを基盤としたシステムに置き換える社会技術トランジッションに関して学ぶ。

第2章『脱炭素化に向けた地域公共政策』では、地域を脱炭素化するための公共政策について解説する。社会は化石資源の使用を前提に構築されているため、地域を脱炭素化するためには、住民の合意を形成し、適切な計画を策定し、住民や企業の行動・選択を変容させることが求められる。一方、地域社会には、脱炭素化よりも優先すべきと認識されている課題が山積している。そこで、脱炭素化と地域の課題解決を同時に行う政策手法を解説する。これらはコベネフィットや政策統合等と呼ばれる政策手法、国内外の先進自治体で積極的に試みられている。セクション1では、自治体が脱炭素計画を策定することの意義と手法を学ぶ。セクション2では、自治体の重要な政策手法である条例について、策定の意義と手法を学ぶ。セクション3では、自治体の重要な役割であるまちづくりにおける脱炭素化の手法を学ぶ。セクション4では、地域の脱炭素化の核となる拠点の形成手法を学ぶ。セクション5では、計画や組織、プロジェクトのマネジメントで必須となるPDCA手法を学ぶ。

第3章『コミュニティによる再生可能エネルギーの活用方法』では、コミュニティでどのように再エネの活用・大量導入を行うか解説する。それは、環境的な側面だけでなく、地域経済にとっても重要な意味を持つ。地域循環共生圏やSDGsが示すように、都市の持続可能な発展にとって、持続可能な地域経済の構築は不可欠である。セクション1で、自治体レベルの地域経済効果を測定するために、地域付加価値創造分析と呼ばれる手法が有用であることを学ぶ。セクション2では、この手法を実際の取組に適用する。ここでは、村レベルで一体的に再エネ導入を促進している岡山県西粟倉村の取組に関するケーススタディを学ぶ。セクション3では、ドイツ・ミュンヘン市の洋上風力発電所出資や、アメリカ・カリフォルニア州のCCAによる再エネ電力調達からその克服方法のヒントを得た上で、都市の再エネビジネスの今後を展望する。

第4章『地域エネルギー事業を通じた脱炭素化』では、地域エネルギー事業を通じた脱炭素化について解説する。都市の脱炭素化を進める上で、各地で再生可能エネルギーや省エネルギー事業を実際に導入する事業が大幅に増えていくと考えられる。その際に、脱炭素や地域経済循環に加え、地域の課題解決や合意形成まで視野に入れた地域主体によるエネルギー事業＝地域エネルギー事業が果たしうる役割は大きい。地域エネルギー事業は制度環境や技術の変化に応じてこれまでも変化を続けてきており、今後も新しいビジネスモデルを取り入れていくことで、脱炭素と持続可能性を推進する地域の核になりうる。セクション1では、変化を続ける地域エネルギー事業のビジネスモデルやプレーヤー、課題を学ぶ。セクション2では、多くの地域で行われている太陽光発電について、関連制度の概況や事例を学ぶ。セクション3では、風力発電や木質バイオマス熱利用など各種の地域エネルギー事業の事例を学ぶ。セクション4では、発電事業とつながる新電力事業（電力小売事業）の概要や今後の可能性を学ぶ。

第5章『カリフォルニア州における気候変動政策』では、2045年のカーボンニュートラルに向けて排出量取引や強力な再エネ推進、ゼロ・エミッション車導入等の政策を展開する先進地域として、アメリカ・カリフォルニア州の気候変動政策を解説する。単なる事例紹介にとどまらず、カリフォルニア州ではなぜこれらの政策が展開されているのかを理解し、政策を立案する際の基盤となる考え方を紹介した上で、具体的な政策事例を紹介する。セクション1では、カリフォルニア州の気候変動対策の長期目標と、具体的な実施事項の3つの方針を学ぶ。セクション2では、気候変動政策には様々な側面があるが、そのうち環境政策と技術政策としての側面を学ぶ。また、気候変動問題のような長期的な技術転換において重要なストックとフローの考え方を理解する。セクション3では、カリフォルニア州の気候変動政策の部門横断型、電力部門、交通部門、家庭・業務部門について学ぶ。セクション4では、カリフォルニア州の先進的な取り組みから日本にとって参考になる視点を学ぶ。

小端　拓郎（第1章担当）
田中信一郎（第2章担当）
中山　琢夫（第3章担当）
山下　紀明（第4章担当）
白石　賢司（第5章担当）

Contents

第２章　脱炭素に向けた地域公共政策

第３章　コミュニティによる再生可能エネルギーの活用方法

第４章 地域エネルギー事業を通じた脱炭素化

第５章 カリフォルニア州における気候変動政策

BOX Contents

第 *1* 章

気候変動と都市の脱炭素化

セクション 1
気候変動と脱炭素化
セクション 2
都市のエネルギーとCO_2排出
セクション 3
再生可能エネルギーと技術経済性分析
セクション 4
カーボンニュートラルへ向けたトランジッション

この章の位置づけ

現在、世界の人口の55%が都市に住み、その数は2050年には68%になると予想されている[1]。日本においても、急速な人口減少の中、都市部の人口の割合が増えることが予想される（2018年に92%から2050年に95%[1]）。つまり、世界の脱炭素化には、ネットゼロCO_2排出の新しい都市のエネルギーシステムを構築することが欠かせない。本章では、気候変動と都市の脱炭素化に関する基礎知識を提供し、屋根上太陽光発電やEVを駆使して、都市の脱炭素化を行うために必要な技術経済性分析を、京都市の例を交えて解説する。また、カーボンニュートラルへ向けたトランジッションは、既存のエネルギー技術を脱炭素化技術に切り替えることを意味する。これを社会技術トランジッション理論を通じて概観しながら、脱炭素トランジッションには欠かせない公平性の視点を紹介する。

1章の要約

この章で学ぶこと

セクション1

自然システム・気候変動を正しく理解することは、私たちが今、なぜ、脱炭素化を行わなければならないのか、持続可能性とは何なのかを知ることであり、脱炭素化の正しい道筋を理解することにつながる。

セクション2

化石燃料から作られたエネルギー・物質は社会の隅々に行き渡っている。その流れを見極め、化石燃料由来のエネルギーをどのように、再生可能エネルギーに置き換えることができるのか理解する。

セクション3

PVや蓄電池、EVなどを活用して、都市の脱炭素化を行うには、どのような技術の組み合わせが、最も経済的な脱炭素化に繋がるかを知る必要がある。それには、技術経済性分析が有効であり京都市の例を交えて紹介する。

セクション4

都市の脱炭素化とは、化石燃料関連技術から再エネ関連技術に置き換える社会技術トランジッションである。そのプロセスを加速するには、社会の様々なプロセス、例えば政治、公平性、合意形成、行動変容などのプロセスを理解することが必要になる。

セクション 1

気候変動と脱炭素化

Keywords
CO_2排出、気候変動、完新世、都市文明、化石燃料

※1　二酸化炭素排出と気候変動

化石燃料の燃焼に伴う二酸化炭素排出（CO_2）[a]により、大気中のCO_2濃度が急激な上昇を続けている（**図1**）。高精度の大気中のCO_2濃度の測定は、1956年まで遡ることができ、当時315ppm[b]だった濃度が2021年には415ppmを超えた[(2)]（**図1**）。大気中のCO_2濃度は、完新世（過去11,600年間）において280ppm前後に保たれ（**図2**）、氷河期には180ppm前後であったことが南極氷床コア中の気泡の分析から知られている。大気中のCO_2濃度の上昇は、2021年にノーベル物理学賞を受賞した真鍋博士の研究[(3)]でも知られるように、温暖化をはじめ様々な気候変動を引き起こす原因となる[(4)]。

地球の歴史の中で、大気中のCO_2濃度は火山活動などの地球の炭素循環を通じて大きく変動し、生物活動に大きな影響を及ぼしてきた。また、生物自体（特に植物）も光合成等を通じてCO_2をバイオマスとして固定し大気中CO_2濃度の変動を作り出してきた[(5)]。人間社会に関係する時間軸では、社会活動に伴い地中に眠っていた化石燃料が燃焼され大気中にCO_2として放出されることで、大気、海洋、生態系の地球表層における炭素の量が増加し、大気中のCO_2濃度は長期間にわたって増加する。一度地球の表層にもたらされた炭素は、地中に戻るまでに長い時間を要する。そして、大気の放射バランスがくずれ、世界気温の上昇、気候変動を引き起こす。代表的なものには、真夏日・猛暑日の

---

a　日本の温室効果ガス排出の９割強を占めるのは二酸化炭素であり、そのうち、エネルギー起源の排出はその95％を占める[(6)]。

b　１ppmは、１％の１万分の１。

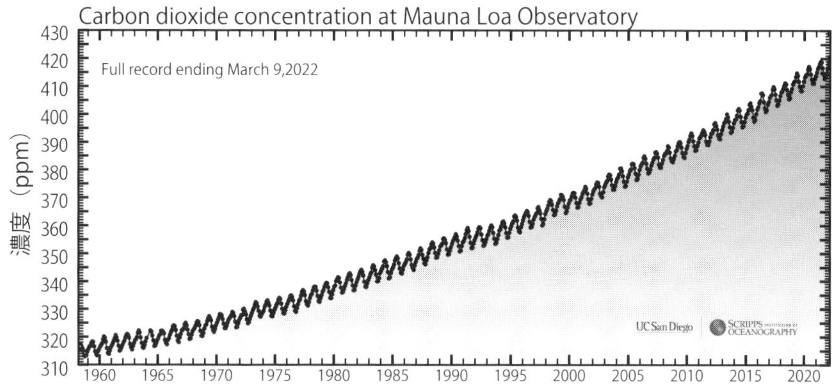

図１　過去64年間の大気中CO_2濃度の記録「キーリングカーブ」（ハワイのマウナロアの計測）[2]。スクリプス海洋研究所の故キーリング博士が、1950年代から開始した高精度の大気中CO_2濃度のデータ。大気中のCO_2濃度が上昇している科学的証拠を初めて明確に示し、その後の世界的な温暖化防止活動の重要な根拠となる。

増加、豪雨の増加などが上げられる[6]。また、高緯度地域・極域では温暖化の傾向は世界平均より数倍大きくなるため、今世紀末には極域での氷床融解や海水体積の膨張[c]に伴い、現在の海水面から（1995年-2014年）から１－２m程度海面が上昇する可能性がある[4]。長期的には海水面の上昇は数メートル以上になる[4]。また、大気中のCO_2濃度の上昇によって、気候システムは徐々に変化し、ある時点でシステムの一部が閾値に到達し、気候モデルでは評価しにくい不可逆的で急激な気候変動が起こる可能性もある[4]。これらの急激な気候変動は、過去の気候変動で多数知られている[10]。

これらを踏まえ、人為起源の気候変動の影響を最小限とするため、産業革命以降の世界平均気温の上昇を２℃以下か出来る限り1.5℃に抑えることを、2015年に世界各国はパリ協定で合意した。また、2021年のCOP26（Conference of the Parties26：気候変動枠組条約締約国会議）では、気温上昇を1.5℃未満に抑えるために努力することが合意された。これを実現するためには、2050年

c　水は温度が高くなるとわずかに膨張する。温暖化による海水面の上昇では、無視できない大きさになる。

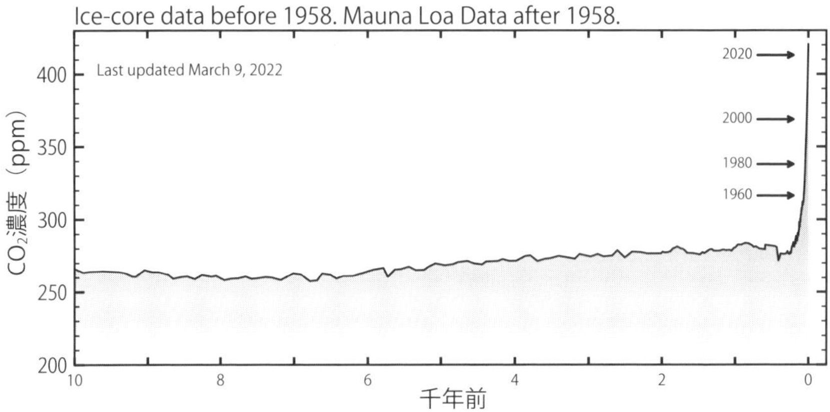

図2　完新世（過去1万年）における大気中のCO_2濃度の復元データ（氷床コアから復元は1958年まで）と観測値（1958年から）[2]。一万年の間比較的安定していたCO_2濃度が、産業革命以降、急激に増加しているのが分かる。

に世界全体で温室効果ガスの排出を実質ゼロとする必要がある。特に、先進国の都市においては、2040年前後には実質ゼロを実現しなければ、2050年までに世界全体で実質ゼロを実現することは難しい[7]。

2　完新世とエネルギー

約一万年前に終わった最終氷河期（**図3**）まで狩猟採集を主な生活スタイルとしていた人類は、完新世に至って初めて農業と定住を開始した。完新世の温暖で安定した気候（**図3**）が社会文化を形成することを可能とし、完新世の気候に守られながら人類は1万年間で現在の複雑な都市文明を発展させるに至る。**図3**に示されるように、完新世は氷河期にくらべ温暖で非常に安定した気候で、人間社会がほぼ連続的に発展した。世界人口は、完新世初めの400万人前後[8]から、ほぼ連続的に増え続け2021年には2,000倍の79億人に達した[d]。増加する人口を支持するため、村は、町になり、そして、村は都市へと変貌し、複雑さを増しながら都市文明は発展を続けた。社会の発展と相まって技術も発展

d　日本を含む多くの国で人口減少が開始し、今世紀後半には100億人前後でピークとなり世界人口が減少するという研究結果が増えてきた[62]

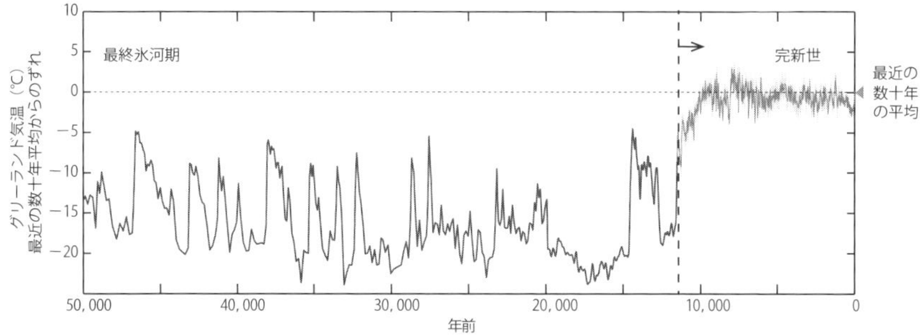

図３　1988年-2015年の平均と比べた「過去５万年」のグリーンランドの気温[10]。氷期の気温は氷の酸素同位体比、完新世の気温は筆者によって氷床中の気泡のアルゴンと窒素の同位体比から計算されたもの[10]。左の低温期は最終氷期、右の温暖期は完新世を示す。

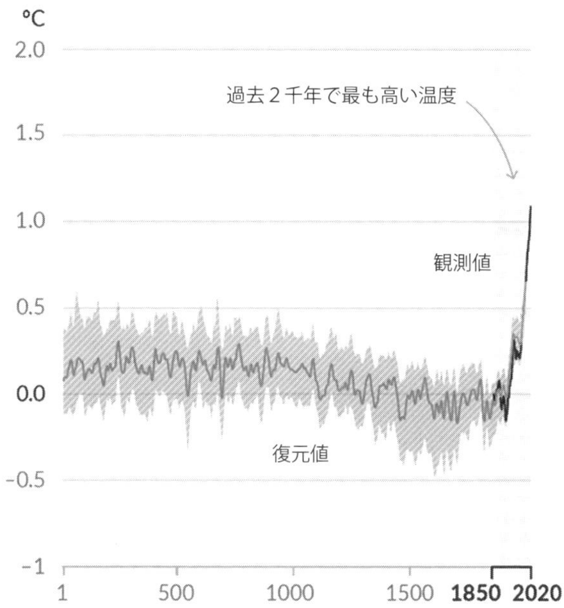

図４　1850年-1900年の平均値と比べた「過去二千年」の世界平均気温の変動（10年平均値）[4]

し、150年前には社会を駆動するエネルギーとして化石燃料を大規模に使用することが可能となった。そして、世界の都市はさらに急激に発展するに至る。

それは、同時に、大量のCO_2を大気中に放出することになり、大気中のCO_2濃度は、280ppmから420ppmに届くところまで上昇した（**図1**）。また、人間社会の活動は、自然システム全体を影響するまでに成長し、本来の自然システムの一部としての役割を見失いつつある。つまり、持続可能な人間社会を形成するということは、自然・生命システムと物質的心理的な相互の繋がりを取り戻すということである。

世界中の気候学者たちによって6－8年に一度まとめられるIPCC第6次評価報告書（AR 6）e(4)ワーキンググループIからIIIの最新版が2021-22年に発表された。それによると、1970年以降の世界平均気温の上昇のスピードは少なくとも過去2000年間で最も早いペースであり、過去数十年の平均気温は過去2000年で最も高くなっている（**図4**）。このまま化石燃料の使用を継続すれば、大気中CO_2濃度が上昇し、現在の文明を育んだ「完新世の気候域」から逸脱し、人類は予測することの難しい気候状態に突入することになる。つまり、これは、現在の高度に発展した社会システムを、将来に亘って継続できるかを不確実にする(9)。すでに、太陽光発電や風力発電といった再生可能エネルギーは、化石燃料より安くなりつつある。一刻も早く再生可能エネルギーを基盤としたエネル

e　Intergovernmental Panel on Climate Change（IPCC）: Sixth Assessment Report（AR 6）(4)

BOX 1　IPCCと気候変動の報告書

IPCCとは、国連気候変動に関する政府間パネル（Intergovernmental Panel on Climate Change）の略であり、気候変動に関する科学を評価する国連の組織である(11)。IPCCは、定期的（6年－8年に一度）に気候変動の最新の知見と、その意味、リスクに関する科学的な総合的評価を政策決定者に提供することを目的としている。報告書には、気候変動の科学的根拠を扱うワーキンググループ（WGI）、影響・適応・是弱性を扱うワーキンググループ（WGII）、緩和策を扱うワーキンググループ（WGIII）があり、それぞれ報告書を作成する。報告書は、その分野をリードする科学者らが、前回の報告書以降の科学的な進捗を客観的にまとめる。報告書の発表後は、その分野の最も信頼できる参考文献の一つとなり研究論文にも多く引用される。報告書は、無料でIPCCのウェッブサイト（https://www.ipcc.ch/）からダウンロードできる。

ギーシステムへと移行することは、人間社会にとって後悔のない選択肢である。

サマリー

150年前に始まった大規模な化石燃料の燃焼に伴うCO_2排出は、現在の都市文明の発達の基盤となった「温暖で安定した完新世の気候」を変化させ、将来の人間社会の持続可能性を不確実にする。すでに、大気中のCO_2濃度は、産業革命以前の280ppmから420ppmに達し、産業革命以降の世界気温の上昇も1.1℃を超えている。将来の気候変動の影響を最小限とするには、2050年までに世界のCO_2排出をネットゼロとすることが必要である。

Questions

□ **問題1**　大気中のCO_2濃度の上昇している原因と、それに伴って起こる気候変動について説明しなさい。

□ **問題2**　完新世の気候変動の特徴と、人間社会の形成における役割を説明しなさい。

□ **問題3**　産業革命以降の世界平均気温の上昇を、1.5℃未満にするために、いますべきことを理由と共に説明しなさい。

セクション 2

都市のエネルギーとCO_2排出

Keywords
都市のエネルギー、再生可能エネルギー、セクターカップリング、電気自動車、屋根上PV

1　都市のエネルギー消費とCO_2排出の区分

都市のエネルギー消費は、ガソリン、ガス、灯油、電力などを都市内で消費する直接エネルギー消費と、都市内で使用される製品（電力を含む）の製造、運搬、販売等に係る全てのプロセスにおけるエネルギー消費を含む間接エネルギー消費がある。CO_2排出においても、同様に、都市内で消費された化石燃料からの直接CO_2排出と、都市内で消費される製品の製造、運搬、販売に関わるエネルギー消費からの間接CO_2排出がある。これは、エネルギー消費やCO_2排出を計算する際に、どの組織あるいは個人が責任を持つことによって最も効率的にCO_2排出が削減できるかによって使い分けられる。日本の地方自治体は、発電の際のCO_2排出を含む直接排出をCO_2排出量の計算手法を用いている。

多くの企業によって採用されつつあるサプライチェーンにおける温室効果ガス排出の算定方法にGHGプロトコルがある。これは、Scope 1、Scope 2、Scope 3 と 3 つのカテゴリーに分けれられている（**表 1**）。Scope 1 は、各当する企業の直接排出、Scope 2 は、その企業の使用する電力や熱の生成時に生じる排出などを含めた間接排出である。Scope 3 は、その企業の事業に関連する他社も含む製造、輸送、出張、通勤、つまり、サプライチェーンからの排出をカウントするということになる。近年、アップルやGoogleは、2030年までにサプライチェーンを含むScope 3 でカーボンニュートラルの達成を目指すことを宣言し、これらの企業に部品を提供するサプライヤーにもカーボンニュートラルを求めるようになった。このような動きは、カーボンニュートラルを実現

表1　CO_2排出のスコープ1、2、3、における区別

	CO_2排出の範囲
スコープ1	ガソリン、ガス、灯油等の化石燃料燃焼に伴うの直接排出。
スコープ2	電力や熱供給を受けている際、これらのエネルギーを作り出す際の排出。
スコープ3	関連会社を含む製造、輸送、出張、通勤等の排出。

できない企業は淘汰される可能性が高いことを意味する。つまり、資金や組織力を持つ企業のScope 3による温室効果ガス排出削減努力が、社会の脱炭素化のスケールアップに大きく役立つ。

製品からの温室効果ガス排出は、「カーボンフットプリント（Carbon Footprint, CFP）」とも呼ばれ、一つの製品が世の中に存在し、廃棄されるまでに排出された温室効果ガス排出（CO_2として換算）の総量を示す。これを知るには、ライフサイクル分析（LCA）という手法で、製品の製造、販売、輸送、廃棄、再利用、再生の過程での温室効果ガス排出を計算する。これにより、消費者はより温室効果ガス排出の少ない製品を選ぶことができるようになり、消費者の意思・選択により社会の温室効果ガス排出の削減に繋がる。

2　電力の単位

都市の脱炭素化を行うには、省エネ、太陽光・風力等再エネによる発電と、熱需要などの電化が重要になる。電力の分野では、仕事率であるワット（W）が基本的な単位であり、電圧（ボルト）と電流（アンペア）の積として求められる。エネルギー量は、時間との積（1 W× 1 h＝ 1 Wh）で表す。よく用いられる1 kWhは、1時間（1 h）の間、1 kW（＝1,000W）を使った際の電力量である。倍量は、**表2**の通りであるが、kWhを主体として、漢字の倍量が

表2　倍量の表し方

記号	k	M	G	T	P	E	Z
読み方	キロ	メガ	ギガ	テラ	ペタ	エクサ	ゼタ
10のべき乗	10^3	10^6	10^9	10^{12}	10^{15}	10^{18}	10^{21}
漢字	千	百万	十億	一兆	千兆	百京	十垓

表3　燃料の発熱量とCO_2排出係数。電気の排出係数は2020年の東京電力の値である（調整前）。kg-CO_2は、燃焼してCO_2として排出された時の重さあるいはCO_2に換算した重さ（kg）

	単位	発熱量 MJ/単位	CO_2排出係数
ガソリン	l	34.6	0.0688（kg-CO_2/MJ）
灯　油	l	36.7	0.0685（kg-CO_2/MJ）
ＬＰＧ	kg	50.2	0.0586（kg-CO_2/MJ）
ＬＮＧ	kg	54.5	0.0508（kg-CO_2/MJ）
電気	kWh	3.6	0.441（kg-CO_2/kWh）

使われることがあるので注意が必要である（例えば、１TWhは＝10億kWh）。国際単位系（SI）のエネルギーの単位ジュール（J）に換算するためには、時間の単位１秒（s）をワットにかける（１J＝１W×１s）。つまり、１kWhは3,600kJとなる。蓄電池に蓄えられる容量においては、kWhを用いられることが多い。また、１kcalは、4.184kJ、0.00116kWhである。

3　CO_2排出係数

都市においてエネルギー消費に伴うCO_2排出を計算する際には、エネルギーの消費量から、CO_2排出係数を使って計算する（**表3**）。電力に関しては、供給する電力会社がどのようなエネルギーミックス（石炭やガスなどの燃料と再エネ、原子力の構成比）で発電しているかによって排出係数が異なるため、毎年電力会社によって発表される値を参照する。再生可能エネルギーや原子力発電が増え、石炭や天然ガスの使用が減るにしたがって、電力系統[f]のCO_2排出係数も小さくなる。**表3**の電力以外は、ガス等の種類（混合成分）が同じであればCO_2排出係数は変化しない。

4　日本のエネルギー消費と温室効果ガスの排出

人口増加と経済発展のため増加を続けた日本のエネルギー消費量も、2005年

f　発電・変電・送電・配電を統合したシステム。日本では、10の一般送配電事業者が、それぞれ電力系統を持つ。

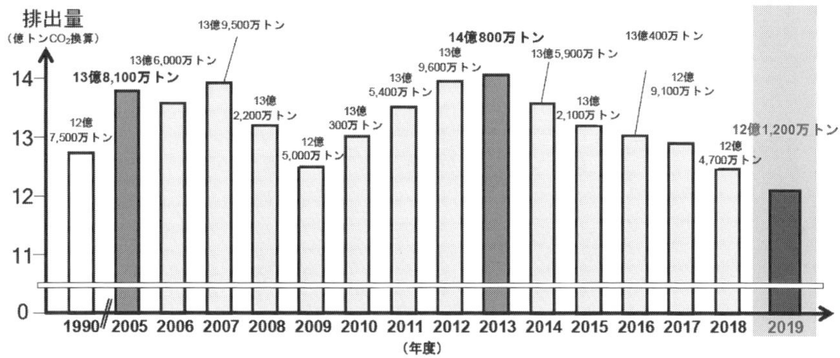

図５　日本のCO_2排出の推移[16]

度以降減少に転じている[12]。人口は、2008年の１億2,808万人から減少に転じ、2020年には１億2,622万人となった。少子高齢化は加速し、2050年頃には１億人を下回ると推計されている[13]。一方、エネルギー起源のCO_2排出は2019年に約11億トンであり、2013年度の14億800万トンをピークに、年平均で3,500万トン程度（３％前後）の減少が続いている（**図５**）。特に、2020年度は、コロナの影響で社会生活が大幅に制限され、前年度比5.1％減となった（速報値）[14]。2019年度の第一次エネルギー消費[g]の37.1％は石油、25.3％は石炭、22.4％は天然ガスと、全体の84.8％は化石燃料であった[12]。その他、クリーエネルギーである原子力が2.9％、水力が3.5％、水力以外の再生可能エネルギーが8.8％であった[12]。今後、20–30年で、この化石燃料の使用を実質ゼロとしなければならない。産業の脱炭素化は、まだ、実際にどのような技術を用いて脱炭素化が実現可能か明らかになっていない業種も多く、より脱炭素化の難度が高い。

都市からのCO_2排出は、家庭部門、業務その他部門、運輸部門に分類され、供給電力のCO_2排出も含めて2019年には日本のエネルギー起源のCO_2排出の50.4％であった（**図６**）[12]。運輸部門のCO_2排出は18.6％、業務部門は17.4％、家庭部門は14.4％であった。2013年度以降、これらのセクター全てのCO_2排出が減少傾向となっている（2013年度比2019年家庭部門23.3％減、業務部門18.8％

---

g　第一次エネルギーとは、電力等へ加工される前のエネルギーを指す。

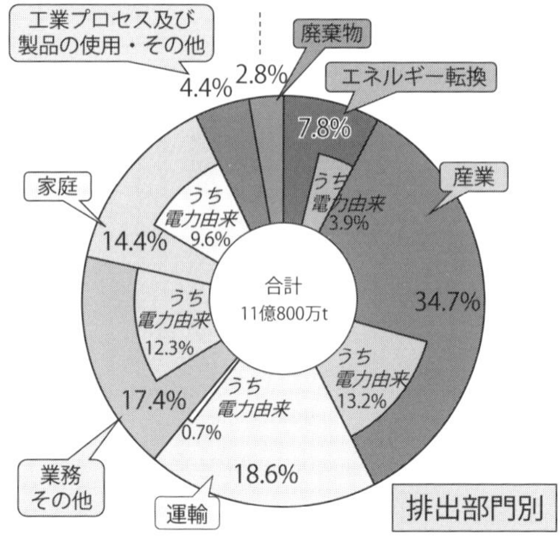

図6　2019年の日本のセクター別CO_2排出量[16]。本書では都市におけるCO_2排出とは、家庭、業務その他、運輸とする

減、運輸部門8.2％減：**図7**）。都市で使われる製品やサービスの原材料から廃棄・リサイクルまで含むライフサイクルでの温室効果ガス排出をカウントする

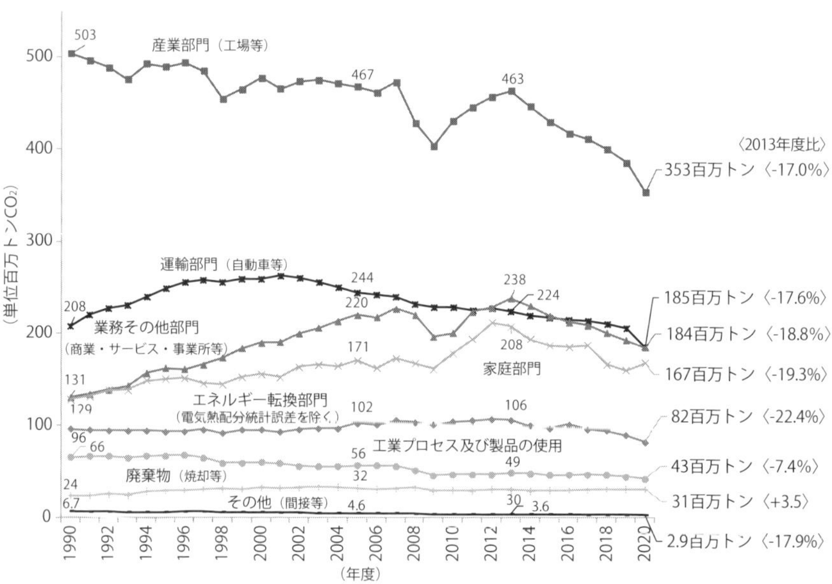

図7　日本のセクター別CO_2排出の推移[16]

（カーボンフットプリント）と都市からの排出はさらに大きいことになる[15]。

❊5　建物のエネルギー消費とCO_2排出

住宅からのCO_2排出量は、一戸当たり2019年度に電気の消費から年間1.8トン、ガス・灯油から0.92トン、ガソリン・軽油が1.19トンとなり、合計3.91トンであった[17]。また、用途別のエネルギー消費比率は、動力照明が33.9％、給湯が28.8％、暖房が24.7％、厨房9.9％、冷房が2.7％である[12]。戸建て住宅からの排出が、集合住宅の1.4-1.5倍排出が多い。様々な施策の効果と住宅や機器の技術進展に伴い、住宅のエネルギー効率は改善し、建築時期ごとに明らかなCO_2排出の削減効果がみられる。具体的な技術としては、太陽光発電、二重サッシ、複層ガラス窓、ヒートポンプ、LED照明の導入によって、CO_2排出削減が進んでいる。政府は、ネットゼロエネルギーハウス（ZEH）[h]の普及を進めるため、2030年までに新築住宅の平均（エネルギー消費量と創エネの比）でZEHの実現を目指している[17]。つまり、高断熱・高効率の機器の導入、ヒートポンプを用いた暖房、給湯への給熱と、厨房等を電化し、太陽光発電の導入することで大幅なCO_2排出の削減に繋がる。家庭の脱炭素化に関しては、姉妹本「都市の脱炭素化」の第１部第１－２章を参照してほしい。

業務等の建物は、事務所・ビル、デパート、ホテル・旅館、劇場、・娯楽場、学校、病院、卸・小売業、飲食店、その他サービス（福祉施設等）に分けられ、2019年度の時点で、事務所・ビルにおけるエネルギー消費が最も大きくなっている。用途別でみると動力照明等が43％、給湯が17％、暖房15％、冷房13％、厨房８％、その他が４％となっている[12]。使用エネルギー源別（延べ床面積当たり）でみると、電力が53％、石油25％、ガス19％、熱（地熱・太陽熱等）３％、その他となっている[12]。住宅と同様、給湯、暖房、厨房等に使用される化石燃料（ガス、石油）を、電化を通じて削減することで、経済性の高い脱炭素化を行うことができる。

h　高い断熱性能や高効率設備によりエネルギー需要を下げつつ、太陽光発電等により消費エネルギーと同等の創エネを行うことで、建物での正味エネルギー消費をゼロとすること。

BOX 2 水素エネルギー

太陽光や風力発電が変動性であることと、電気は大量に貯蔵することが難しいことから、貯蔵性、可搬性、柔軟性など補完的な性質を持つ水素が注目されている[18),(19]。日本政府は、2017年に世界で初めて国レベルでの水素基本戦略を定めた[19]。そして、水素は2050年「カーボンニュートラル」実現に重要な技術であるとして研究開発が進められている。しかし、水素は、現在安価に製造するには石炭や天然ガスを使用しなければならず（グレー水素と呼ばれる）、製造時に多くのCO_2を排出する。CO_2フリーの水素の製造にはCCS（Carbon Capture and Storage:CO_2を回収し地下に貯留する技術）等を使ってCO_2排出を回収して貯留するか（ブルー水素）、太陽光発電や風力などクリーン電力を使って水を分解して水素を作らなければならず（グリーン水素）、コストが課題となっている[20]。将来、太陽光や風力発電の余剰電力を使った水素製造に期待されるが、水素の製造、輸送、貯蔵のインフラのコストをどこまで下げられるかが課題である。

6　自動車の脱炭素化

今後、急速な都市交通の脱炭素化に欠かせないのが電気自動車（EV：Electric Vehicle）である[21]。**表4**の内、二輪車、鉄道、貨物／トラック（軽）、バス・タクシー、社用車、マイカーは、世界各地で、すでに電動化が急速に進みつつある。船舶、航空、大型トラックは、電動化に加えて水素、バイオ燃料を使った脱炭素化の研究開発が行われている。「電動車」には、バッテリーのみで動くBEV（Battery Electric Vehicle）、ガソリンエンジンとモーターを持ちコンセントから充電が可能なプラグインハイブリッド車（PHV：Plug-in Hybrid Vehicle）、ガソリンエンジンとモーターを持つハイブリッド車（HV：Hybrid Vehicle）、水素を使った燃料電池車（FCV：Fuel Cell Vehicle）がある。EVと示された場合、BEVとPHVを意味することが多い。一方、ガソリン

表4　日本の運輸部門のCO_2排出（2019年度）[16]

	二輪車	船舶	航空	鉄道	貨物車/トラック	バス・タクシー	社用車等	マイカー
CO_2排出量（トン）	700万	1000万	1000万	800万	7600万	600万	3300万	6200万
割合(%)	0.3	4.9	4.9	3.9	36.9	2.9	16	30.1

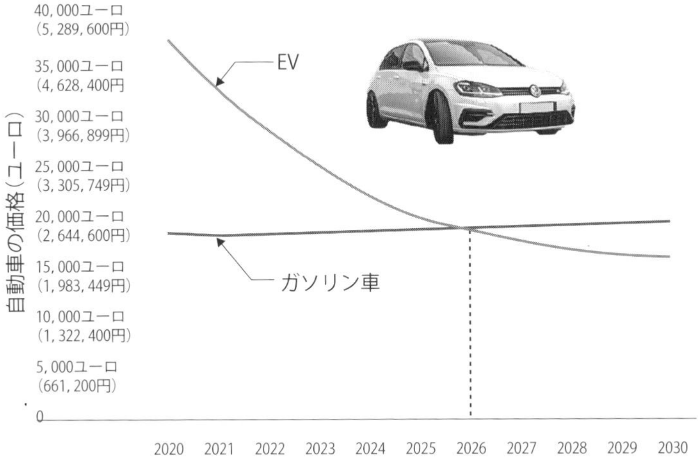

図８　2020年から2030年までのヨーロッパにおけるEVとICEの価格の予測[25]

車など内燃機関自動車は、ICE（Internal Combustion Engine）と呼ばれる。その経済性、脱炭素化の効率、機能性から、大型トラック・バスを除く自動車にはBEVが優勢であると考えられている[22]。

EVは、バッテリーの価格と機能（走行距離、充電時間等）に、その利便性が大きく左右され、これまでスケールアップが難しかった。しかし、急速な蓄電池の価格低下に伴い、EVの価格も下がり（**図８**）つつあり[23]、2020年代後半には、同モデルの自動車において、EVはガソリン車より安くなると言われている[23]。急速なEVの普及が、中国、ヨーロッパ、アメリカを中心に始まっている。2020年にはコロナ禍に関わらず、世界で300万台のEVが販売（販売台数の4.6％）され、前年より41％多いEVが新規に登録された[24]。しかし、今の時点で、EVはまだICEより割高なため、EV普及のためには、補助金、税制優遇措置、自動車の燃費規制（ヨーロッパ、日本）、ZEV規制（ZEV＝zero emission vehicle; 米国、中国）が必要になる。また、都市では、大気汚染とも関連しICEの区間侵入規制などが行われ、EV普及の原動力となっている。

車の平均使用年数（10-15年）を考えると、2050年にカーボンニュートラルを実現するには、2035年前後には、自動車販売を100％EVやFCVに切り替えなければならない。日本政府は2035年までに自動車100％電動化を目標としているが、これにハイブリッド車を含めるのであれば、2050年カーボンニュートラル実現は難しくなる。また、後述する通りEVのバッテリーは、定置蓄電池に比べて大容量であるため、太陽光発電（PV: Photovoltaics）と組み合わせて活用することで低コストの大容量蓄電池として都市の脱炭素化に活用できる。今後、EVを使った脱炭素化をより効率的に行うためには、供給電力の脱炭素化、電力システムとの統合、充電施設の拡充、バッテリー製造プロセスの脱炭素化及びリサイクルが重要となる[24]。自動車のEV化およびEVの活用に関しては、姉妹本「都市の脱炭素化」の第5部も参照してほしい。

7　再生可能エネルギー

再生可能エネルギー（太陽光、風力、バイオマス、水力等）は、ネットゼロ社会においてエネルギー供給の基盤として大きな役割を果たす。広く存在する太陽光エネルギーを集める必要があるため、比較的多くの面積を必要とするが、人間社会にとって十分なエネルギーを得られることがわかっている。その

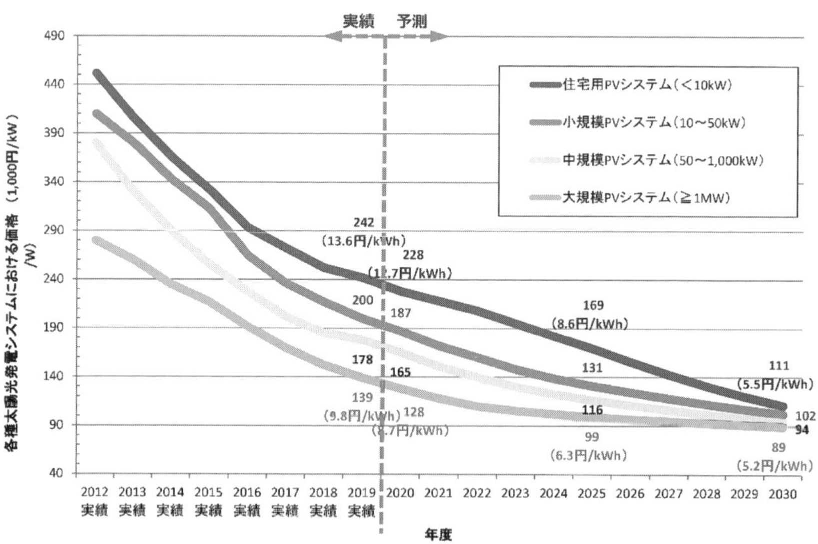

図9　導入・技術開発加速ケースにおける2030年度までの太陽光発電システム価格の見積もり[27]

表５　2020年度の再生可能エネルギーの発電量、発電構成比、前年度比[28]

	発電量（TWh）	発電構成比	前年度比
水力	78.4	7.8%	−1.5%
太陽光	79.1	7.9%	14.0%
風力	9.0	0.9%	17.8%
地熱	3.0	0.3%	5.1%
バイオマス	28.8	2.9%	10.3%

拡散したエネルギーゆえに、少量の燃料から莫大なエネルギーを作り出す原子力の災害・テロリスクを大幅に抑えることができ、永続的な社会形成のために必要不可欠な電源と言える。その中でも、太陽光発電は、スケールアップのポテンシャルとコストの低下に伴い（**図９**）、都市の脱炭素化に大きな役割を担うと期待されている。日本では、2012年に固定買取制度（FIT）がスタートとして以来、太陽光発電が大きく容量を伸ばした（**表５**）。2020年度には、始めて太陽光発電は水力発電を抜き、最も発電量の多い再生可能エネルギーとなった（**表５**）。

日本政府は、エネルギー政策の大まかな方向性を定めるため３年に１度、エネルギー基本計画を見直している。2021年に決定した第６次エネルギー基本計画によると、2030年に発電ミックスは、太陽光発電14-16％、風力５％、地熱１％、水力11％、バイオマス５％を目指すとした[26]。近年、制度が整備され期待される洋上風力は、計画から事業開始までの時間が掛かるため本格導入は2030年以降とされる。そのため、2020年代は発電開始までのリードタイムが短い太陽光発電に期待が集まる。

※8　屋根上太陽光発電（PV）

日本のように土地の限られた地域の都市の脱炭素化において、大きな役割を果たすのが屋根上太陽光発電（PV）である。屋根上PVは、自然侵略性の最も少ない再生可能エネルギー（LiRE: Least Invasive Renewable Energy）[29]として優先順位を高める必要がある。また、設置した地点で、発電した電力を消費できるため、送電のためのコスト及びロスを最小限にできる。しかし、屋根上

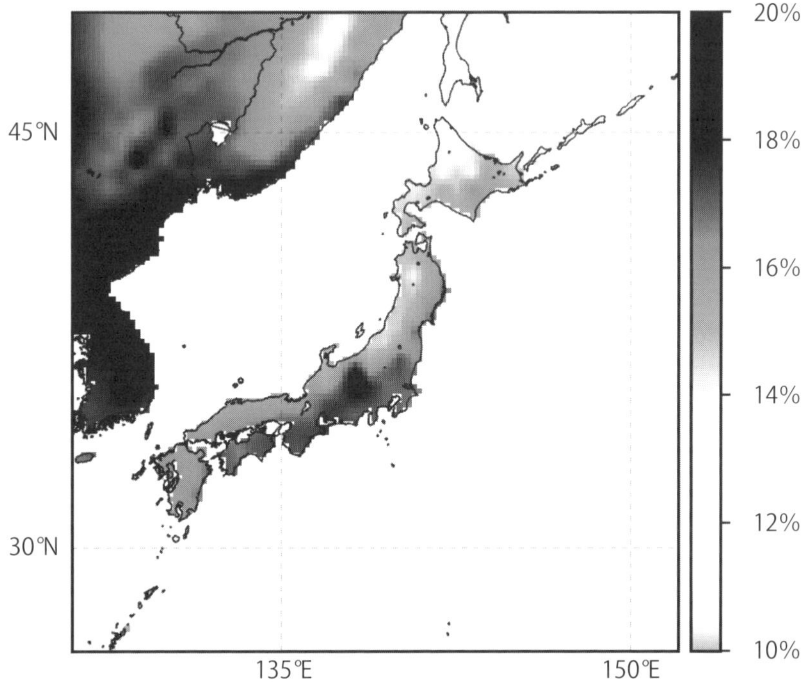

図10　日本のPV平均稼働率（%）マップ。2016年の気象の再解析データ（MERRA-2）を用いて筆者が計算

PVを最大限活用するためには、建物の強度、近隣建物の陰、屋根の使用、建物の建て替え、景観などの様々な課題がある[30]。中長期的には技術の進展、規制や制度を整えることで乗り越えることのできる課題が多い。屋根上太陽光発電の法的・制度的課題に関しては、姉妹書籍「都市の脱炭素化」第3部第1章も参照してほしい。

日本国内のPVの平均稼働率（四六時中PVが100%稼働した際に、発電される電力量と比較した値）を見ると山梨県が最も高く16.39%（平均年間発電量は1436kWh/kW)、次いで、長野県（16.27%; 1427kWh/kW)、徳島県（15.67%; 1373kWh/kW）となっている（**表6**）[31]。最も低いのは東北の秋田県（10.30%; 902kWh/kW)、ついで青森県（11.73%; 1027 kWh/kW）となる。地球と太陽の関係で、北に行くほど日射量が減るのと同時に、日本固有の気候による影響

表6　観測された県別の太陽光発電量、順位、稼働率[31]

順位	県名	発電量(kWh)	稼働率(%)	順位	県名	発電量(kWh)	稼働率(%)	順位	県名	発電量(kWh)	稼働率(%)
1	山梨県	1436	16.39	17	栃木県	1287	14.69	33	広島県	1202	13.72
2	長野県	1427	16.29	18	兵庫県	1279	14.6	34	大分県	1191	13.6
3	徳島県	1373	15.67	19	岡山県	1276	14.56	35	京都府	1171	13.37
4	静岡県	1368	15.62	20	長崎県	1274	14.55	36	石川県	1124	12.83
5	群馬県	1366	15.6	21	神奈川県	1273	14.53	37	島根県	1113	12.71
6	愛知県	1361	15.54	22	佐賀県	1270	14.5	38	福井県	1108	12.65
7	高知県	1358	15.5	23	滋賀県	1269	14.48	39	宮城県	1105	12.61
8	三重県	1352	15.44	24	熊本県	1263	14.41	40	新潟県	1090	12.44
9	宮崎県	1337	15.27	25	奈良県	1262	14.4	41	山形県	1089	12.43
10	岐阜県	1320	15.07	26	東京都	1258	14.36	42	富山県	1076	12.28
11	香川県	1305	14.89	27	山口県	1251	14.28	43	岩手県	1070	12.21
12	茨城県	1298	14.82	28	千葉県	1248	14.25	44	北海道	1064	12.15
13	埼玉県	1293	14.76	29	愛媛県	1247	14.24	45	鳥取県	1055	12.04
14	和歌山県	1291	14.74	30	福岡県	1242	14.18	46	青森県	1027	11.73
15	沖縄県	1290	14.72	31	福島県	1231	14.06	47	秋田県	902	10.3
16	鹿児島県	1290	14.72	32	大阪府	1215	13.87		全国平均	1,234	14.09

で太平洋側が高い稼働率となる（**図10**）。山梨と長野は、内陸に位置し比較的雨が少ないのと、夏場の気温が比較的低いため高温による発電効率の低下が少なく、標高が高い（日射の散乱が少ない）ことが影響している[31]。

我々の試算によると、日本の９つの都市（東京都区部、札幌市、仙台市、郡山市、新潟市、川崎市、京都市、岡山市、広島市）において、全ての建物の屋根面積の70％にPV（効率20％）を敷設し、すべての乗用車をEVとして、そのバッテリー（40kWh）の半分を蓄電池として用いることで、53-95％の年間電力需要を賄える（計算手法は、次の章にて説明する）[32]。これは、電気と自動車の使用に伴うCO_2排出の54-95％の削減に繋がる。また、2030年のPVとEVのコスト見積もりを用いると、26-41％のエネルギー経費の削減となる[33],[34]。セクション３で、試算の詳細を京都市の例を用いて説明する。

※9　セクターカップリング

風力や太陽光発電の変動型再生可能エネルギーを効率よく利用するためには、他のセクターとカップリングし、効率よく余剰電力を活用することが重要となる。例えば、PV発電の変動に合わせてEVのバッテリーを充放電し夜間にもPVの電気を活用することや（Power-to-mobility）、余剰電力を活用して熱の供給を行うこと（Power-to-heat）、また、余剰電力を活用して水素を精製すること（Power-to-gas）などが考えられている(35)。このように、他のセクターのリソースを活用することで、再エネの大量導入時にも余剰電力を活用して経済性を高めることができる。いくつかの技術は、すでに価格競争力を持つが、Power-to-gas等の技術は2040年前後に普及が期待される。これらの技術を活用するには、情報技術（ICT）やAIの発展により、様々な機器の連携を可能とする必要もある(36),(37)。例えば、余剰電力やEVバッテリーに貯めた電気を近隣の住宅間でシェア（P２P：Peer-to-Peer取引）すると、さらに経済性が高まる(29)。しかし、現在の電力システムの規制下では、活用が難しい技術も含まれ技術開発と共に規制改革も必要になる。

EVをPVの蓄電池として使用するには、V２H（Vehicle-to-Home）という充放電機器が必要になる(36)。ニチコン等が商品化しているV２H（あるいはV２B：Vehicle to Building）システムは、日本の自動車メーカーが中心に開発したCHAdeMOという充電規格を使っている(36)。現在、世界の充電規格には、欧州・米国のCCS、テスラの独自規格、中国のGB/T規格があるが、双方向充電が可能なのはCHAdeMOのみである。しかし、日本と中国が共同開発したChaoJiや、CCSも双方向充電が可能になる見込みであり、他国においてもV２H、V２G（Vehicle to Grid）、V２Bシステムが利用可能となるであろう(38)。V２Hシステムに関しては、姉妹書籍の「都市の脱炭素化」の第５部第２章に詳細を譲る。

サマリー

日本のエネルギー起源のCO_2排出の少なくとも半分は都市活動に起因する。都市のエネルギー消費は、建物と交通セクターに大きく分けることができる。双方とも最も効率的な脱炭素化手法は、省エネと電化、そして、再エネによるCO_2フリー電気の供給である。特に、さらなる価格の下落が予想される屋根上太陽光発電を最大限活用することで、送電ロスを最小限にしながら、安価なCO_2フリー電気を建物に供給し、電化を促進できる。また、屋根上太陽光発電とEVや熱需要をカップリングし、地区内で蓄電池や余剰電力をシェアするシステムを構築し、より経済性の高い脱炭素化を実現する。

Questions

- ☐ **問題 1**　都市のエネルギー需要には、どのようなものがあるか説明しなさい。
- ☐ **問題 2**　自動車の使用エネルギー別の種類を説明しなさい。
- ☐ **問題 3**　都市の脱炭素化を、経済的に行う方法を説明しなさい。

セクション 3

再生可能エネルギーと技術経済性分析

Keywords
技術経済性分析、屋根上PV、電気自動車、正味現在価値、CO_2排出削減

1　技術経済性分析

再生可能エネルギーを用いて都市の脱炭素化を行う際には、様々な要因を勘案しながらプロジェクトを計画する必要がある。例えば、今後、大幅な価格の下落が予想されるPV、定置蓄電池、EVを使って、都市の脱炭素化を行う際に、どの程度エネルギー経費削減に貢献するかを知ることは大変有用である[(29),(32),(39),(40)]（**図11**）。技術経済性分析（techno-economic analysis）は、太陽光発電などの再エネ技術の変動性、技術のコスト、電気料金、蓄電池やパワコンの交換・維持費用、日照、機器の劣化などを、考慮した上で、既存のエネルギー

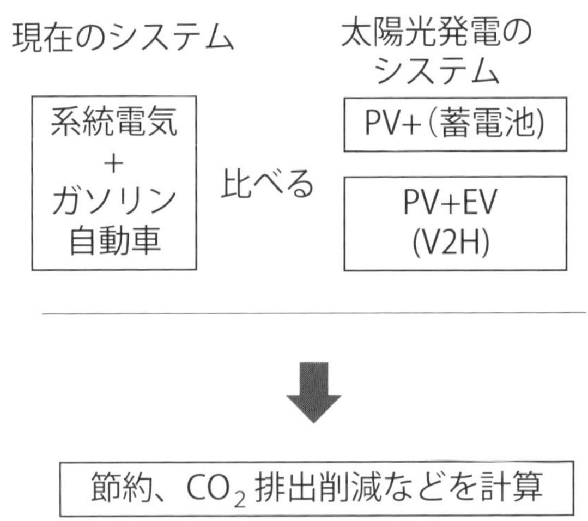

図11　技術経済性分析

コストに比べてどれくらいエネルギー経費の節約、CO_2削減率等ができるかを計算する。ガソリン車からEVへの買い替えや、EVをPVの蓄電池として使用した際、どの程度の経済性やCO_2削減ポテンシャルが生まれるかなどを調べることも可能である。本節では、京都市を例に、屋根上PVとEVを都市レベルで導入した際の、脱炭素化の効率（エネルギー経費の節約、自家消費率、電力自給率等）を技術経済性分析で明らかにする。ここで紹介する分析手法は、分散型電源の特性から、一戸住宅から[39]、街区[29]、都市全体のスケール[33],[40]まで、データが揃えばどのレベルでも転用可能である。

技術経済性分析を行うには、導入する技術（たとえばPV）の寿命をプロジェクト期間（例25年間）とし、初期投資を含むキャッシュフローから割引率[i]を考慮した正味現在価値を計算する。ここでは、無料で公開されている米国の国立再生可能エネルギー研究所（NREL）のSystem Advisor Model（SAM）を用いた分析手法を紹介する[j]。SAMは、太陽光発電（PV）＋蓄電池、集光型太陽熱発電、海洋エネルギー（潮力、波力）、風力、燃料電池＋PV＋蓄電池、太陽熱給湯、バイオマス燃焼の技術経済性分析が可能である[41]。また、詳細な技術、経済、ファイナンスの設定が可能となっておりエネルギー損失や機器の劣化なども含め、より現実に近い計算ができる。モデルは、年数回アップデートされ最新のモデルが常に提供されている。

屋根上PVシステムの分析の場合、対象地点（緯度、経度）の日射、気温を含む一年間の時間毎の気象データ、PVパネルの設置角度、PVシステムコスト、維持費、割引率、電気料金、余剰電力買取価格、１年間の時間毎の需要など関連する値を設定する。時間毎の電力需要においては、実測データを与えるか、戸建て住宅の場合、延べ床面積、建築年、階数、住人の数と、気象データから時間毎の需要を計算する機能も付いている。これらの入力データから、PV年間発電量、PV稼働率、均等化発電原価（LCOE：Levelized cost of electricity）、再エネシステム導入による節約額、投資回収期間、正味現在価値等を計算することができる。さらに、SAMの計算結果を用いて、追加的なエ

---

i　将来の価値を現在の価値へ換算する際に用いる年率。

j　https://sam.nrel.gov/

ネルギー・経済指標も計算することも可能である。また、データを可視化するツールも多数ある。

BOX 3 SAMを利用した京都市におけるPV＋EVを使った脱炭素化ポテンシャルの分析手順

ここではSAMを使って京都市のPV＋EVの脱炭素化ポテンシャルの試算の手法を記す。本分析は、筆者らが2020年に国際学術誌Applied Energyに発表した手法(40)である。まず、SAM（Version 2020.2.29）を、NRELのサイト[k]からコンピュータにダウンロードしインストールする。古いバージョンで作られたファイルを、新しいバージョンで開くと問題が起ことがあるので注意する。使用は、無料だがNRELにメール登録してregistration keyを得る必要がある。次に、京都分析用のSAMのファイルがMendeley Dataサイト[l]の“Kyoto”シェアホルダーに入っているので、ファルダーごとをダウンロードする。ホルダー内の気象ファイル（Kyoto_merra 2 _weather_35.0_135.7_2018adj.csv）を、SAMがインストールされている“solar_resource”ホルダーに入れる（例C: ¥SAM¥2020.2.29¥solar_resource)。「Kyoto」ホルダーには、「2018」「2030」というフォルダーがあり、その中にシナリオごとのSAMのファイルが収納されている。“Kyoto”ホルダー内の京都分析結果.xlsxには、分析に使われた数値と計算結果が記されている。

“Kyoto”ホルダー内の「2030」、「pv＋ev with fit」にあるファイル（PVEV_kyoto2030.sam）を開くと、**図12**のSAM画面が現れる。初期画面では、「Location and Resource」の画面で、Solar Resource Libraryに使用可能な気象ファイルがリストされている。京都の気象ファイルをすでにSAMフォルダー内のsolar_resourceフォルダーにコピーしてある場合、[Kyoto_merra 2 _weather……csv]があるはずなので、それを選択する。これで、SAMにすでに入力されている京都のデータを使って、シミュレーションを行うことが出来る。「Simulate」をクリックすると、シミュレーションがスタートし、その後、結果［Summary］が表示される。上部にある［Data Tables]、[Losses]、[Graphs]、[Cash flow]、[Time series]、[Profiles]、[Statistics]、[Heat map]、[PDF/CDF］から、様々な形でデータの表示ができる。また、計算結果のデータも簡単にダウンロードすることが出来る。

k https://sam.nrel.gov/download/version-2020- 2 -29-1.html
l https://data.mendeley.com/datasets/74rdymgjnw/ 5

図12　SAMの初期画面

2　京都市のPVとEVを使った脱炭素化の例

京都市は、150万人都市であり、日本の中心的歴史都市として千年以上に亘って栄えてきた。この京都市の脱炭素化に向けたPVとEVを基盤としたエネルギーシステムへの転換を、技術経済性分析の事例[40]として紹介する。今後、屋根上PVとEVのコストは、大きく下がることが予想されているため（**図8**、**図9**）、安い電力源となる屋根上PVと大容量のEV蓄電池を組み合わせることで、安価で自由に供給可能（dispatchable）な電気を市中で活用することができる。さらに、その安価な電気を使って暖房や給湯などの電化を促し、経済性の高い都市の脱炭素化を行う[33]。

京都市の温室効果ガスの排出量は、2018年度638.2万トン（CO_2換算）であり、2012年度以降減少傾向にある（2012年度比20.2％減）。エネルギー起源のCO_2排出（563万トン）は、全温室効果ガス排出の86％である。その内、産業部門が14％、運輸部門が26％、家庭部門が28％、業務部門が31％を占める。産業部門が、比較的小さい京都市においては、省エネ機器の導入、建築物の断熱化、そして、化石燃料を用いる機器（自動車、ストーブ、給湯、厨房機器）の電化によって大幅な脱炭素化が可能となる。このように、エネルギー需要を省エネにより減少させながら電化を進め、電力供給を再エネ由来に変えることによって脱炭素化を行うことが最も経済的な方法であると考えられる。

京都市の全建物の屋根面積を計算するには、まず、国土地理院の基盤地図情報サイト[m]から建物の外周データ（無料）を入手する。そして、ArcGISやQGISなどのGISソフトウェアを用いて、市内全建物の外周面積を計算し、屋根面積として用いる。この計算手法を用いると、京都市内の屋根面積は51.6㎢となる。20％効率のPVモジュールは１kWあたり５㎡程度の大きさであるから、設置のためのスペースや日陰を考慮して、１kWの屋根上PVパネルには７㎡必要であると想定する（大体70％の屋根面積）。すると、京都市の屋根には物理的に7.4GWの屋根上PVを設置可能ということになる。

グーグル（Environmental Insights Explorer）も衛星画像を用いて、京都市の屋根上PVのポテンシャルを見積もっているが[n]、京都市における屋根の71％を太陽光発電が可能であると計算している。しかし、グーグルによる京都市の設置可能な屋根上PVの容量の見積もりは、我々の見積もりの半分程度（３GW）と小さい。これは、グーグルが京都市の屋根として認識されている面積（28㎢）が小さいこと、変換効率の低いパネル（15％）を想定していること（１kWあたりのパネル面積が大きい）などが原因と考えられる。つまり、グーグルは、現在におけるポテンシャルを計算しているのに比べ、我々の見積もりは、ボトムアップのデータを用いて将来的な技術進展を織り込んだ屋根上PVポテンシャルの見積もりを計算しているということになる。

m　https://www.gsi.go.jp/kiban/
n　https://insights.sustainability.google/places/ChIJ 8 cM 8 zdaoAWARPR27azYdlsA/solar

現在、建物の強度、日陰、景観、建て替え時期等の課題[30]のために、屋根上PVのポテンシャルは小さく見積もられることが多いが、PVの効率、デザイン、軽量化などによるPVの技術改善や、新たな制度、ビジネスモデルを通じて将来的には、高いPVの普及を目指すべきである。これは、土地の限られた日本において、カーボンニュートラル実現に向けた重要なポイントである。

3　京都市内の自動車

京都市には、54.5万台の自動車（軽自動車含む）があり97％が自家用車である[42]。150万人の人口を考えると3人に1人が車を持っている計算になる。2050年にネットゼロを実現するには、2050年までにガソリン・ディーゼルを燃焼して走る車をすべてEV化する必要がある。通常、乗用車の寿命は10年から15年であるから、ガソリン車からEVへの切り替えを無駄なく行うためには、2035年には自動車販売を100％EV（ハイブリッド車を含まない）とする必要がある。多くの国や都市が2035年にEV販売100％（ガソリン車販売禁止）を宣言しているのはこのためである[21]。

都市では、自動車の稼働率が低い。特に、大都市では電車、地下鉄、バスなど公共交通機関が整っているため、世帯当たりの自動車所有台数も地方都市に比べて少ない。5年から10年に一度行われる全国都市交通特性調査（全国PT調査）[o]によって、1年の典型的な平日と休日の都市における交通パターンが詳細に調べられている。2011年には京都市の人口の3％をカバーする大規模調査が行われ、このデータから京都市の自家用車は年間平均走行距離が2,934km、1日に自動車が家から離れている時間は平均27分であることが分かった[40]。つまり、京都市の自家用自動車は、1日のうち96％は家に止まっていることになる。また、自動車の平均燃費（12.6km・L^{-1}）や、過去のガソリン価格（円1.29/L）から、1台当たりの平均年間ガソリン消費は258リッター、ガソリン経費36,630円、CO_2排出は592kg-CO_2と計算できる。EVの電費（ガソリン車の燃費に対応するEVの効率を電費と呼ぶ）が、5.3km/kWhであるとすると、京都市内すべての自動車がEVとなると、京都市の年間電力需要8.1TWの3.3％が追加

o　https://www.mlit.go.jp/toshi/tosiko/toshi_tosiko_tk_000033.html

的なEVの消費電力として加わることになる。

※4　電力消費およびPV発電のパターンと、気温の変化

電力は、基本的に貯めることができないものであるため、通常は、電力需要の変動に合わせて、ガス発電等の供給側が出力を調整しなければならない。しかし、変動性再生エネルギー（Variable Renewable Energy: VRE）の太陽光や風力発電は、発電自体も時間、季節、気象によって大きく変動する。少量であれば需要の変動に取り込まれるため、あまり大きな問題にならないが、再エネによる発電が全体の需要を上回り始めると、余剰電力を使いきれず再エネの電気を無駄にすることになる。これを解消するために、送電線で他の地域に電力を供給したり、工場などの需要を増加させたり、揚水発電で水をくみ上げることによって余剰電力を解消する。しかし、これらの対策でも対応できなくなると、発電抑制につながりPV事業の経済性が落ち、さらなるPV導入が難しくなる。つまり、都市の脱炭素化に不可欠なPVの大量導入を進めるためには、余剰電力をどのように活用するかがカギとなる。

技術経済性分析に必要な京都市全体の一時間毎の電力需要データは公開されていない（存在しない）ため、**図12a**のように、2018年の関西電力の1時間毎の広域電力需要データを京都市の年間電力需要にスケールダウンしたものを分析に使用した。都市全体の電力需要は、すべての需要家の合計であるから都市の活動をよく表している。冬季の暖房需要や夏の冷房需要は、土地の気候により異なるが、秋と春の空調が必要ない時期は、日本社会の基本的な生活パターンを示し、電力会社ごとのデータがよく一致する（**図13**）。これは、広域電力需要データを、都市の年間消費電力量でスケールダウンすることが合理的であることを示している。

図12bは、京都における2018年の1時間毎の気温をプロットしたもの、**図12c**は、PVパネル30度に傾けたPVモジュールの発電量である。気温と電力需要を比べると、冬は10℃以下で暖房需要、夏は25℃以上で冷房需要によってピークが現れることが分かる。一方、PVは傾斜角度を、緯度に設定すると年間を通じて発電電力量が最大になると言われているが、京都では30°にすると年間発電量が最大値となり、春と秋に発電ピークが現れる（**図12**）。これは、

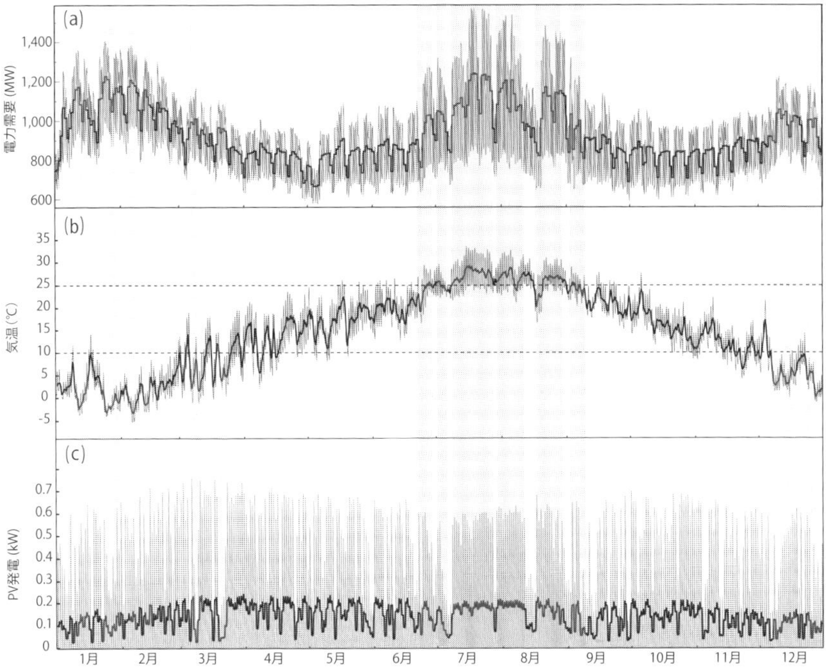

図12　2018年京都市の一時間毎電力需要パターン(a) と、発電パターン(c) と、気温の変化(b)。暑い日(濃い帯)、寒い日(薄い帯) に、冷房・暖房需要のため電力消費が高まる[40]。

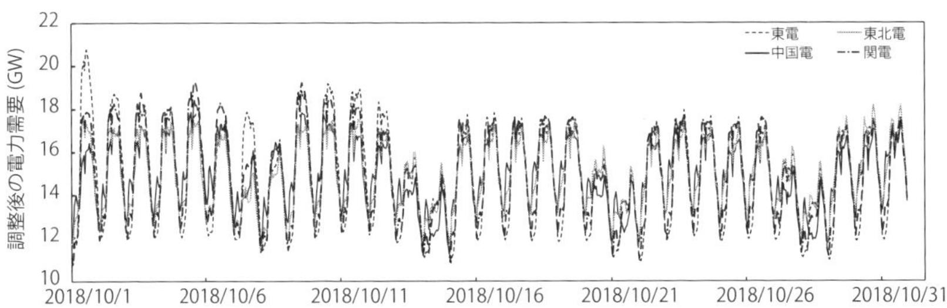

図13　東京電力、東北電力、中国電力、関西電力の2018年の電力需要を関西電力の月間消費電力に合わせたもの[40]

春や秋に天候が良いことも影響している。そして、６月や７月は、梅雨の影響により日射量が減る。そして、夏の高温は、PVの発電効率を数パーセント下げる。

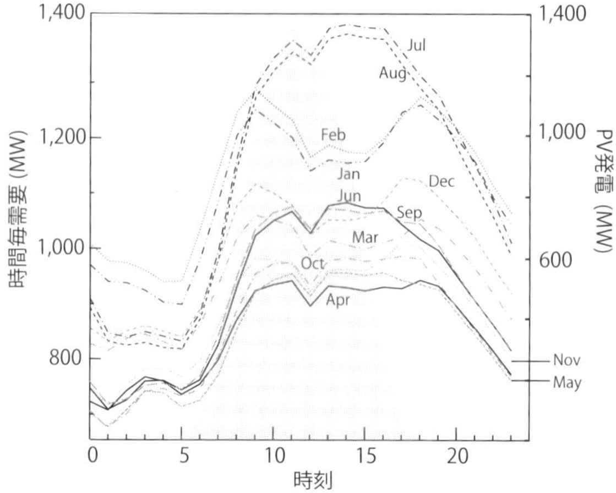

図14　電力需要とPV発電の一日のパターン（月と年平均）。薄い灰色のベル型は、年間平均の一日の太陽光発電（1 GW)。Jan（1月)、Feb（2月)、Mar（3月)、Apr（4月)、May（5月)、Jun（6月)、Jul（7月)、Aug（8月)、Sep（9月)、Oct（10月)、Nov（11月)、Dec（12月)。

一日の平均需要を月ごとに見ると、4月、5月や10月、11月は需要が少ないのがわかる（**図14**）。また、昼の12時ごろに小さなくぼみがあるのは、昼休みに事業所で消灯やコンピュータのスイッチが切られる影響である。1月や2月の冬場は、朝と夕刻に暖房需要のピークが現れ、7月や8月は、冷房のために昼間に需要のピークが現れる。**図14**からわかる通り、太陽光発電は午前中に需要の増加と一致するが、昼以降、発電は減少する一方、需要は高止まりし、夕刻から夜にかけて新たなピークを形成する。PVの普及が進むにつれ太陽光発電量を引いた需要カーブ「ネットロード」が、昼から夕方にかけて急激に上昇する「ダックカーブ」と呼ばれる形になる（アヒルに似ているため、そう呼ばれる)。この急激な電力需要の増加は、他の発電所及び電力システムの維持に負荷が掛かるため、蓄電池の併設などが義務付けられることもある（第5章のカリフォルニアのケースを参照)。

5　太陽光発電、蓄電池、EVのコスト

PVおよび蓄電池のコストは、急激な下落が続いている。数年前には、屋根

表７　PV、蓄電池、EVの追加的なコスト（EVの追加的なコストとは、ガソリン車との価格の違いとＶ２Ｈシステムの価格の合計を示す。１ドル110円で換算。）[40]

項目	単位	コスト
PV維持費（パワコン取り換え込み）	円・kW^{-1}・yr^{-1}	3500
2018年住宅PVシステム	円・W^{-1}	238
2030年住宅PVシステム	円・W^{-1}	98
2018年定置蓄電池コスト	円・kWh^{-1}	79860
2030年定置蓄電池コスト	円・kWh^{-1}	36300
2018年 EVの追加コスト	円・kWh^{-1}	27500
2030 年EVの追加コスト	円・kWh^{-1}	2420
EV充電機, 2018 and 2030	円・台$^{-1}$	99000
EVバッテリー交換コスト、2018年	円・kWh^{-1}	20130
EVバッテリー交換コスト、2030年	円・kWh^{-1}	10010

上PVの敷設に伴うコストは、電力会社から電力を買うより安くなり（技術経済性分析で正味現在価値がゼロ以上となる。）、補助金なしでも普及を目指せるレベルになった[43]。このコストの下落は、今後も続くと考えられるため、屋根上PVによる発電は、ますます安価でCO_2フリーな電気を作り出し、都市の脱炭素化に重要な役割を果たす[43]。**表７**は、2018年と2030年の屋根上PV、蓄電池システムのコストの見積もりを示す。これらのコストの推移を見ると、2030年には2018年比で半分以下になることが予想される。PVモジュールは累積生産数が倍になるごとに、学習効果でコストが23％程度落ちる経験則（learning rate）が知られている[44]。

6　電気料金

2016年の電力小売の自由化以降、電気料金には様々な種類が存在するが、大きく分けて産業用（高圧）、家庭用（低圧）に分けることができる[45]。また、伝統的に低圧料金は電灯料金、高圧料金は電力料金とも呼ばれている（**表８**）。低圧料金は、送電線で使われている高電圧から、低電圧に向けてパワコンを用いて電圧を下げるコストがかかるため高圧より高い。屋根上PVの新規敷設後10年から20年間、余剰電力の買取を保証する固定価格買取制度（FIT: feed-in-

表8 電気料金と京都市の消費電力[40]

	年間消費電力（TWh）	電気料金（円・kWh^{-1}）	固定価格買取（円・kWh^{-1}）
電灯	3.19	24	10
電力	5.15	17	9
加重平均	―	20	9

tariff）がある。年々その買取価格は、PVシステムのコストが下がるのに合わせて下げられ、屋根上PV（10kW未満）は、2021年度は固定買取価格19円/kWh、2022年度は17円/kWhとなっている[46]。2025年ごろまでには、住宅用の買取価格も電力市場平均価格程度（10円/kWh以下）まで下げられることが予定されている。

都市のすべての建物に、屋根上PVシステムを設置した際の経済性を調べるには、低圧と高圧の年間消費電力量に合わせて加重平均した電力料金を計算することで、１つの電気料金で都市全体の試算を行うことができる[40]（**表８**）。ここで示す計算には、余剰電力の固定価格買取価格を、市場価格に近い９円/kWhに設定した（**表８**）。

❋7 屋根のPVポテンシャル

建物の屋根上PVは、今後、新しい都市エネルギーシステムの在り方として大きな役割を果たすことが期待されている。しかし、これまでPV設置を想定していなかった建物の屋根にPVを設置するには、様々な課題が生じる[30]。まず、古い木造住宅や工場の建物の強度がPVパネルの荷重に耐えられないこと、建物の建て替えが予想されていて設置ができいこと、近隣の建物の影となってしまうことが上げられる。経済的な課題としては、初期コストが高いため資金が準備できない、建物内での需要が小さいため経済的に最適なPV容量が小さい、アパートや借家では部屋を借りている人が光熱費を支払うため建物のオーナーにとっては屋根上PVを設置する理由がないなどの課題がある。しかし、持続可能な都市を構築するためには、これらの技術的、社会的、経済的課題を解決し、屋根の新しい役割としてPVを使って発電を行う必要がある。

表9　6つのシナリオ。買取ありなしは余剰電力の買い取りを意味する。論文[40]では、電気料金が毎年1%上昇するシナリオと、期間中一定のシナリオ分析も行っている。

	2018	2030
屋根上PVのみ	買取あり	買取あり
	買取なし	買取なし
屋根上PV+EV	ー	買取あり
	ー	買取なし

8　太陽光発電と、蓄電池、EV

近年、固定価格買取制度（FIT）の買取価格が下落しているため、経済的に最適なPV容量を見積もるには、自家消費が重要な要素となっている。しかし、PVは、容量が大きくなると昼の時間に発電量が需要を大きく上回るため、余剰電力の売電価格が小さければ最適なPV容量は小さくなってしまう。都市の脱炭素化を加速するには、都市全体として屋根を最大限PV用に活用できるスキームが必要になる。そのためには、余剰電力をより経済性の高い状態で消費し、最適PV容量を高めることが必要となる。それには、屋根上PVと共に蓄電池や、EVを用いることが有効である[29]。どのような技術の組み合わせが、もっとも、初期コストの回収を早め、エネルギー経費の大幅削減につながるかを知るには、前述の技術経済性分析を用いることが有効である。PVシステムは、現在、25年間程度機能を維持すると考えられており（PVシステムの保証期間）、分析にはプロジェクト期間として25年を使う。また、インバーターの交換を含めたPVの維持費を3,450円/kW/年とする。

ここでは、「PVのみ」を屋根に設置した場合と、「PVとEV」を組み合わせて設置した場合の、2つの技術シナリオの経済性とCO_2排出削減率の計算方法を紹介する（**表9**）。我々の試算では、定置蓄電池は2020年代において高価格のため、屋根上PVの経済性を高める効果が見込めない[29]。そのため、ここでは「PV＋蓄電池」は試算に含めない。PVの最適容量に関しては、正味現在価値（NPV）を最大化する容量によって求める。EVの蓄電池は、日産リーフ（40kWh）をモデルとして40kWhのバッテリーの内、半分をPVの蓄電池として使用することを想定する。バッテリー容量の半分の使用を想定することで、EVのオーナーがいつでも近隣の運転に使えること、突発的な災害時にも住宅に電力供給できること、また蓄電池の劣化を小さくすることが期待できる。また、2018年と2030年のPVとEVの価格見積もりを用いて技術経済性の計算を行い中長期的な脱炭素化計画づくりに役立てる。

9　太陽光発電システムとその経済性の指標

PV＋EVシステムを評価するには、いくつかの指標が有効である。それは、自家消費率（self-consumption）、エネルギー充足率（energy sufficiency）、電力自給率（self-sufficiency）、エネルギーコスト削減率（cost saving）、CO_2排出削減率（CO_2 emission reduction rate）である。自家消費率とは、PVから発電された電気を、どの程度システム中で消費できるかを示す（システム内で消費されたPV電気（kWh）÷年間PV発電量（kWh））。エネルギー充足率は、年間電力需要と年間PV発電量と比較して、どの程度エネルギーとして供給可能かを記す（年間PV発電量（kWh）÷年間電力需要（kWh））。電力自給率は、電力の需給バランスを考慮しつつ、どの程度電力を供給できるかを記す（システム内で消費されたPV電力（kWh）÷年間電力需要（kWh））。エネルギーコスト削減率は、既存のエネルギーシステム経費（電気代、ガソリン代）と再エネ技術（EVを含む）を導入した際のエネルギーコストを比較した値である。CO_2排出削減率は、既存のエネルギーシステムのCO_2排出量と、再エネ技術（EVを含む）を導入した際のCO_2排出量を比較した値である[33]。

10　都市エネルギーシステムへの効果

PVやEVの価格は、今後も減少が続くため、「PV＋EV」システムのコストはこれからも大幅に減少することが予想される。しかし、「PV＋EV」の導入時の初期コストが削減されるだけではなく、PVとEVを組み合わせるとPVの最適容量が増大する相乗効果が見込まれる。例えば、「屋根上PVのみ」を導入した場合に比べ、EVとカップリングすることで、PVの最適容量（つまりCO_2フリー電気の発電量）は3－4倍となる[29]。2018年時点では、まだ、PVとEVの価格が高いため、これらをカップリングさせてもエネルギーコストの削減にはつながらない。この状況では、小規模のPVのみを導入することが、最も大きな節約となる。

表10　2018年と2030年における指標の結果

2018年	PVのみ（余剰電力買取なし）	PVのみ（余剰電力買取あり）
投資回収期間（年）	13	13
PV容量（GW）	1.8	2.3
年間NPV（億円）	61	69
節約率（%）	3.4	3.9
電力自給率（%）	25	30
自家消費率（%）	95	87
CO_2排出（100万トン）	2.4	2.7
CO_2排出削減率（%）	23	27
2030年	**PVのみ（買取なし）**	**PVのみ（買取あり）**
投資回収期間（年）	6	8
PV容量（GW）	2.7	7.4
年間NPV（億円）	183	319
節約率（%）	10	18
電力自給率（%）	32	43
自家消費率（%）	81	39
CO_2排出（100万トン）	2.2	1.9
CO_2排出削減率（%）	29	39
2030年	**PV＋EV（買取なし）**	**PV＋EV（買取あり）**
投資回収期間（年）	5.6	6.5
PV容量（GW）	4.2	7.4
年間NPV（億円）	281	327
節約率（%）	22	25
電力自給率（%）	53	70
自家消費率（%）	93	70
CO_2排出（100万トン）	1.2	0.8
CO_2排出削減率（%）	60	74

表10を見ると、2018年に、屋根上PV容量は京都市内で屋根上PV導入の最大値（全屋根面積の70％を使用）の24％-31％で、経済性が最大となることがわかる。また、2018年の投資回収期間は13年である。また、エネルギー経費の節約も3－4％程度で、電力自給率は25-30％である。CO_2排出削減率は23-27％である。PV容量が小さいことを反映して自家消費率は高く87-95％になる。こ

れが2030年に向けてPVやEVのコストが下落すると、最適PV容量が増加することで、脱炭素化ポテンシャルも飛躍的に増加する。投資回収期間も6－8年にまで短くなる。余剰電力の買取がある場合には、最適PV容量は最大値（京都市屋根面積の70％）となる。また、買取がない場合でも、PV容量は2018年の1.5倍である。しかし、PVのみの場合、PVの容量が増えても、蓄電池がないと昼間に発電した電気を都市内で使い切れない。結果、自家消費率は大きく下がることになり、エネルギー経費削減率も10％-18％以上改善しない。CO_2排出削減率においても、電力系統からの電力消費があまり減らないため、29-39％以上上げることが難しい。

2030年にはEVの価格は、同性能をもつガソリン車よりも1－2割安くなると言われている。つまり、2030年頃には、EVバッテリーに昼間の余剰電力をため、夕刻以降、EVからCO_2フリーの電気を家に供給することで、大幅なCO_2排出とエネルギーコストの削減に繋がる。PVとEVを組み合わせることで、余剰電力買取がなくても、PVのみの場合と比べて最適PV容量は55％大きくなる（**表10**）。余剰電力の買取がある場合には、PVのみと同様に、PVの最適容量は最大値にまで拡大する。EVの大容量蓄電池を活用できるため、PV容量が大

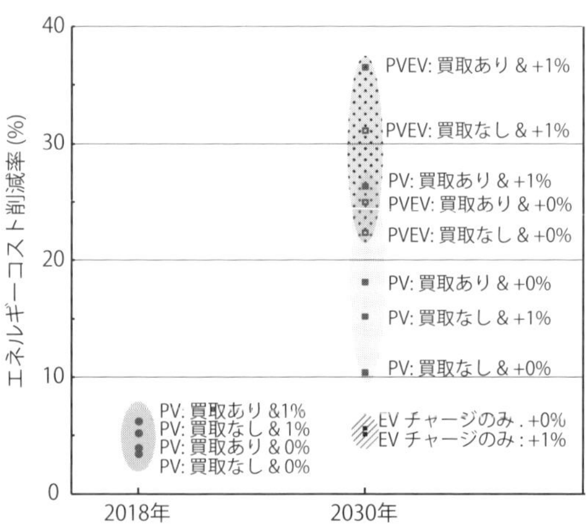

図15　2018年と2030年のエネルギーコスト削減率。１％は電気料金が毎年１％上昇することを想定した場合で、０％は電気料金がプロジェクト期間中変化しない場合。EVチャージのみは、EVのバッテリーをＶ２Ｈに使用せずに充電だけ行う場合。

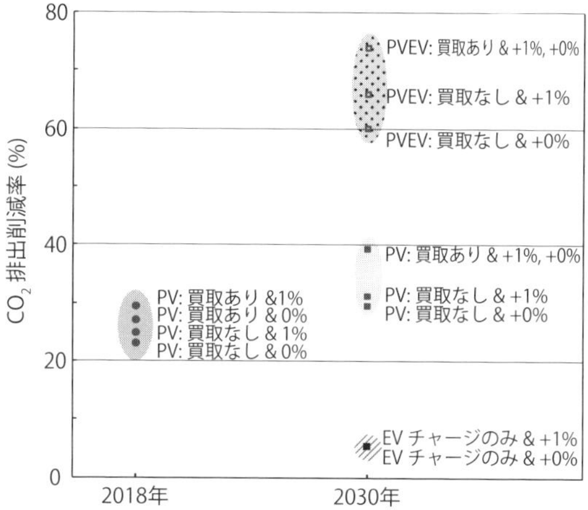

図16　2018年と2030年のCO_2排出削減率。１%と０%は、図15と同じ。

きいにもかかわらず自家消費率は70-93％と高くなる。電力自給率も53-70％と、PVのみでは到底到達できないレベルになる。自動車のガソリン燃焼によるCO_2排出の削減と系統電気の消費の削減のため、CO_2排出削減率は大幅に増え60-74%となる（**図16**）。

図15と**図16**を見ると、2018年から2030年に向けて、PVとEVの価格の下落により、エネルギーコスト削減率とCO_2排出削減率が大きく改善することがわかる。まず、**図15**を見ると、2018年の段階では、PVのコストが高いためエネルギーコスト削減率は５％前後に限られる。2030年には、PVのコストが下がり、最適PV容量が増加し（**表10**）「PVのみ」においてもエネルギーコスト削減率は上昇する。PV＋EVシステムでは、エネルギーコスト削減率は最大35％に達する（**図15**）。電気料金が毎年１％上昇するシナリオを見ると、PV、EV分散型電源システムの経済性がより大きくなる。また、EVを充電のみに使う場合には、PV容量のフィードバックがないため経済性の改善には限られた効果しかない。CO_2排出削減率（**図16**）を見ると、PV＋EVの排出削減は最大70％を超え、PVとEVのカップリングがCO_2排出削減に非常に有効であることがわかる。PVのみの場合には、PVのコスト下落に伴いPV容量が増加しても蓄電池なしでは、余剰電力が大幅に増加し、CO_2排出削減に貢献しにくい。また、EVチャー

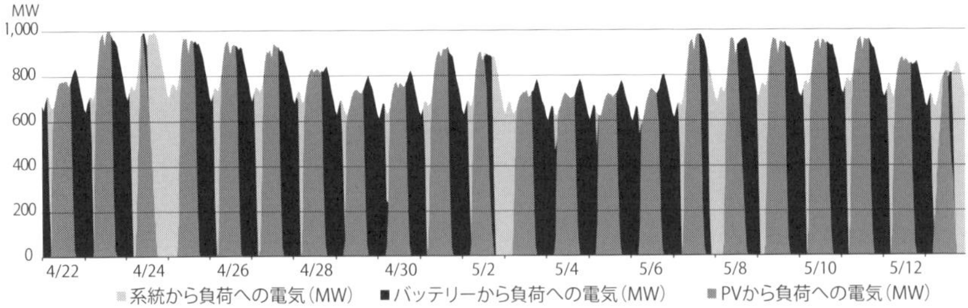

図17　京都市のPV＋EVによる需要供給バランス

ジのみでは、自動車の電化による省エネ・コスト削減効果のみで、充電用の電力も石炭やガスを発電に使った系統電力のためCO_2排出削減は限られる。

※11 「PV＋EV」システムの電力需給

ここで一つのシナリオを例にとって分析の詳細を見てみる。紹介するのは、2030年のコスト試算を用いた「PV＋EV」シナリオで、固定価格買取あり、電気料金の増加なしの条件である。2030年には、技術のコスト低下と余剰電力の買取のため、PV容量は京都市の使用可能な屋根スペースを最大限使うPV容量（7.4GW：屋根面積の70％）において、正味現在価値（NPV）が最大となる。

7.4GWのPVが京都市内の屋根上に導入されると、**図17**で示すように昼間の時間は、PV発電量がほぼ毎日電力需要よりも多く、大きな余剰電力が生まれる。この余剰電力の内、一部はEVの蓄電池に充電され、夕刻から夜間にかけて市内に供給される。**図17**で示した、春の期間（４月12日から５月13日）は電力需要が少なく、天気も良いため発電量が多く、PV＋EVシステムにより数日間連続で電力を100％供給できる（**図17**）。

図18(a)は、PVの25年間の発電量を示し、劣化のため年々0.5％の減少を示す。直線は、京都の年間消費電力である。(b)は、月別の電力の需給バランスを示すものである。**図17**で示した４月は、PV発電量が需要を大きく上回っているのがわかる。一方、12月や１月は、暖房で電力需要が増加するのと同時に、日が短くなることで発電が減り需要が発電を大きく上回る。７月と８月は、冷房需要が増えるが、同時に日射量が多いため、PVの発電が電力需要より大きい。もちろん、気象の変動と社会変化により、電力需要も発電量も年々変動す

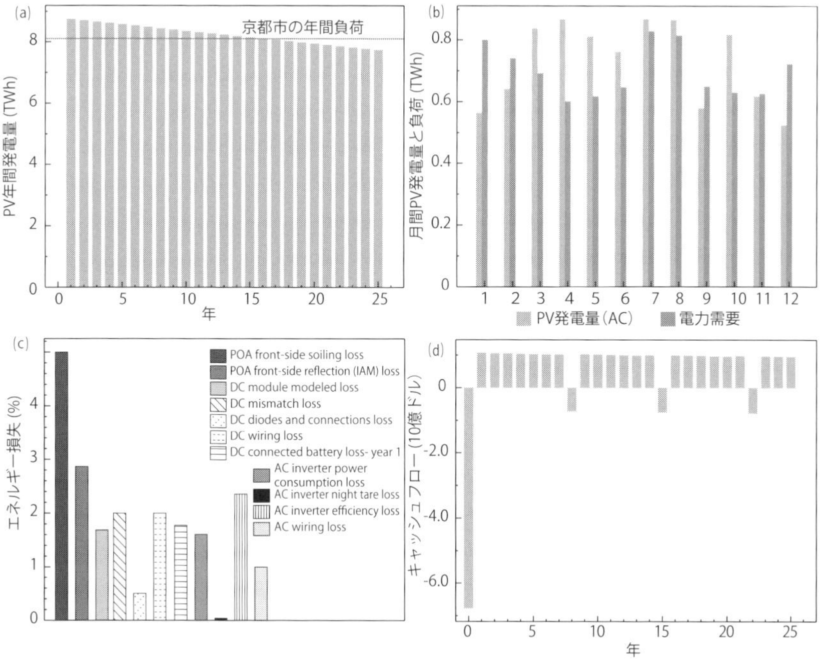

図18　PV＋EV電力システムの詳細（１ドル110円で計算）

ることに注意する必要がある。(c)は、モデルが考慮するシステムのエネルギー損失を示したものである。例えば、パネル表面の土汚れ、インバーターのロス、蓄電池のロスなどがある。屋根上PVモジュールの発電時から計算すると、建物内で使われるまでに20％前後のロスとなる。(d)は、25年間のプロジェクト期間におけるシステムのキャッシュフローである。PVシステムは初期投資が大きい一方で、化石燃料を使った電力システムに比べて燃料費ゼロ、維持費が小さいという特徴がある。また、EVバッテリーの容量が20％劣化した際（初期容量の80％）に交換すると設定しているため、7－8年に一度、EVのバッテリーの交換に費用を要する。初期投資の回収期間は、2030年には6－7年まで減少している（**表3**）。また、システムの導入に伴い、ベースシナリオ（系統電気とガソリン車）に比べて電気代とガソリン代の節約が25％、電力自給率が70％、自家消費率が70％、CO_2排出削減率も74％となる。

BOX 4 他都市への転用

京都市の分析に用いたSAMのファイルとエクセルファイルを用いて、同様な分析を比較的簡単に他の都市に転用することが出来る。まず、Mendeley Data[p]にあるエクセルファイル「京都分析結果.xlsx」の青地部分に、分析する都市の値に入れ替える。次に、エクセルから必要なデータを、下記の通りSAMに入力する。詳しい説明は、Mendeley Dataの［Kyoto］フォルダーを開き、［SAM都市分析説明書.docx］を参照する。

1．Location and Resource–都市のweather fileを選択。Weather fileは、Siren[47]で作成するか、著者に作成を依頼する。
2．System Design–Tracking & OrientationのTilt＝latitudeにチェック。
3．Battery Cell and System – Desired bank powerに、バッテリー最大電力を入力（kW）。
4．Battery Cell and System – Desired bank capacityに、合計バッテリー容量を入力（kWh）。
5．Electric Load – Electric load data に、気象データと同じ年の電力会社の広域需要データをインポート。
6．Electric load scaling factorに、上記の広域需要データーの年間合計値と市内年間消費電力との比（PV only）か、EV消費電力（PV＋EVの場合）を加えた値を入力。
7．「Parametics」をクリックし、次にQuick setupをクリック。PV system Designを選択し、Editをクリックする。End valueに、最大PV容量（kW）を入力。Start valueとIncrementを設定し、Okを押す。そして、「Run simulations」を押す。最大のNet Present Valueを見つけ、対応するDesired array sizeを、「System Design」の、Desired array sizeに書き込む。
8．「Simulate」を押す。
9．結果をエクセルファイルの緑地に書き込む。対応は、エクセルファイルを参照する。

電気料金の上昇は、PVシステムの経済性を高めるが、PV容量を増大する因子にならないため（すでにPV容量は最大値に達している）、CO_2排出削減には貢献しない。一方、固定価格買取は余剰電力の売電を促し最適PV容量は増え

p https://data.mendeley.com/datasets/74rdymgjnw/ 5

るが、蓄電池の経済性を下げる。2030年にはPVシステムの価格が十分に下がり、固定価格買取ありの条件において屋根面積（京都市内の70％の屋根面積）を最大に使うPV容量で経済性が最も高くなる。また、EVと組み合わせることで余剰電力も最大限活用でき、大きなCO_2排出削減に繋がっている。

本節において、屋根上PVシステムは、EVと組み合わせることで大きな経済性と脱炭素化ポテンシャルが生まれることを示した。しかし、カーボンニュートラルへ達するためには、暖房および給湯、厨房等のガス、軽油、ガソリンを使用する機器を電化し、その供給電力をPV等CO_2フリー電気とする必要がある。京都市のケースでは、最大限屋根上PVを導入し、EVとカップリングすることにより自家消費率は70％まで高くなることがわかった。しかし、さらに30％程度の余剰電力があり、この余剰電力を、給湯や（将来）水素製造等に生かすことで屋根上PVの電気をフルに活用することができる。また、これらの余剰電力をうまく使いこなす技術（デマンドリスポンス、バーチャルパワープラント（VPP)、P２Pなど）、システム開発、制度、ビジネスモデル等が、今後、屋根上PVの活用を広げていく上で重要となる。

サマリー

都市の脱炭素化には、今後コストの下落が予測される屋根上PV、蓄電池、EVが大きな役割を果たす。これらの技術のコストの下落を、市民にどのように役立てるかが自治体の計画において重要である。この節を通じて、京都を例とし、「技術経済性分析」を使って屋根上PVとEVによる都市の脱炭素化を評価する手法を紹介した。これらの技術を使った脱炭素化を実現するためには、技術の普及と共に、ビジネスモデル、規制、制度など、様々なイノベーションが必要になる。

Questions

- □ **問題１** 都市において、屋根上PVとEVを使った脱炭素化を行う際の技術経済性分析の使い方を説明しなさい。
- □ **問題２** あなたの街の年間消費電力と乗用車数を調べ、京都の例に倣って街全体の年間電気代とガソリン代、CO_2排出量を計算しなさい。
- □ **問題３** あなたの街のPVのみとPV＋EVを使った脱炭素化ポテンシャル（エネルギーコスト削減率、エネルギー充足率、自家消費率、電力自給率、CO_2排出削減率）を、京都の例に倣って計算しなさい。

セクション 4

カーボンニュートラルへ向けたトランジッション

Keywords
公平性、社会技術トランジッション、エネルギー貧困、
脱炭素化技術、CO_2排出削減

1　社会技術トランジッション

都市の脱炭素化とは、言い換えれば、既存の化石燃料関連のエネルギー技術を、再エネなどの分散型電源技術に置き換える「社会技術トランジッション」である[(48)]。技術経済性分析をはじめ、モデル解析は様々なプロセスを簡略化し、脱炭素化における社会のトランジッションの一部分のみを扱っている。しかし、実際のトランジッションは様々な社会的な課題に直面しなければならない。この、「社会技術トランジッション」を、正しく理解した上で初めて都市の脱炭素化を加速することが可能となる。

社会技術システムは、技術、インフラ、組織、市場、規制、人々の習慣などによって形成される（**図19**）[(48)]。この技術を取り巻く社会システムは、何十年もかけて形成されたため、「気候変動のため」だからと言って急激に変えるのは容易ではない。そこで、この社会技術システムを多層視点分析（Multi-level perspective: MLP）を用いて分析し、社会の脱炭素化を加速させる試みをマンチェスター大学のFrank Geelsらが行っている[(49),(50)]。本節では、この多層視点分析MLPによる都市の脱炭素化を紹介する[(51)]。

MLPは、社会技術トランジッションを、3つのレベルに分けて分析を行う[(48)]。第一のレベルは、脱炭素化の対象となる社会技術システム（例えば既存の都市のエネルギーシステム）である（**図19**）。社会技術システムは、長期的な投資や、システムに関与する人々の能力、制度等により、今の状況にロックインされ（膠着状態）ている。また、それによりシステムの安定性が保たれている。しかし、社会技術システムは、外部からの影響や社会の進化などによっ

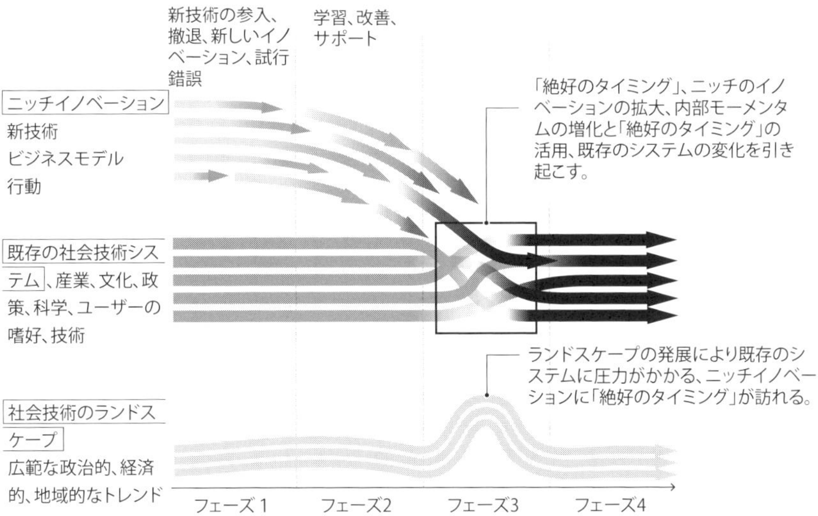

図19　カーボンニュートラルに向けた社会技術トランジッション[48]

て、少しずつ変化をしている。第二のレベルは、ニッチイノベーションと呼ばれ、既存のシステムとは大きく異なるが、ある特定の地域や、市場の一部、あるいは政策にサポートされることで存在してる（新電力などの新しいビジネス）。第三のレベルは、ランドスケープと呼ばれ、社会技術システムに外因的影響を与えるもので、通常ゆっくりと変化するが、時に急激に変化する性質を持つ。日本の都市を、社会技術システムとすると、ランドスケープは、日本政府、電力システム改革、海外の動きなどに相当する。

つまり、MLP分析とは、一つの技術の発展など局所的な変化を見るのではなく、その技術をサポートする社会的要因全体の変化を分析する。そして、いくつかの要因の変化の方向が一致する時、三つのレベル内、あるいは間で相互作用が起き、社会技術システムに変化が生じる。そのプロセスをMLPは明らかにする（**図19**）。

社会技術トランジッションは、３つの関連するプロセス：「ニッチイノベーションのモーメンタムが増す」、「既存のシステムの弱体化」、「外因の強化」が相互に増強し合いながら、それぞれの変化の方向性が一致した時、大きな変化に繋がる[51]。例えば、都市の脱炭素化においては、PVや風力の技術革新のみならず、蓄電池、EV、スマートグリッド、デマンドリスポンス、送電・配電ネットワーク、ビジネスモデル、市場形成、制度などのイノベーションが活発化した時、新しい社会技術システムを生み出す原動力となる。

社会技術トランジッションとは、「社会がどのように新しい脱炭素技術を実装するか」という課題であると捉えることができる。技術の実装が社会レベルで起こるためには、「社会がトランジッションを必要だと捉えていること」、「社会がトランジッションに向けた強力な政策をサポートすること」、「ビジネス界がトランジッションをサポートすること」が重要となる。ビジネス界のサポートは、特に重要であり、それは、脱炭素化へ向けたトランジッションは、ビジネスセクターの、技術、組織力、財政力に大きく依存するからである。また、ビジネスセクターが環境問題に力を入れ始めると、グリーン企業連合などが結成され、脱炭素政策の強化に向けた政治的圧力の高まりや、トランジッションに前向きでない既成企業に対する圧力を生み出す[52]。

社会技術システムの脱炭素化を加速させるためには、技術改良のためのイノベーションだけではなく、ビジネスモデル、規制など様々なタイプのイノベーションが重要となる。これらのイノベーションを通じて、新しいマーケットを切り開き、既存のシステムを変革することで、脱炭素化社会に向けた社会のポジティブなビジョンが生み出される。それにより、社会やビジネスの連携が、さらに強くなり、強力な政策を施す政治的圧力に繋がる。その意味で、あるセクターに絞ったイノベーション政策は、経済全体の政策と同様に重要であるし、最終的に炭素税など経済全体に向けた政策に繋がりうる。研究開発へ向けた補助金、FIT、実証事業、普及に向けた補助金（EVなど）は、炭素税等に比べ導入が容易である。また、これらの政策だけではなく、学習、ステークホルダーを含む活動、社会受容性、脱炭素社会のポジティブなイメージづくり、新規参入者へのサポート、また、トランジッションの加速に向けた政策を施す必要がある[52]。

イノベーション政策とセクター別の政策との連携も重要である。これにより、個別の技術とシステムの連携を、実証事業などで広げていくことができる。また、これらの政策は、いくつかの行政のレベル（例えば政府と地方行政）が連携することで、さらに成功度が高くなる。戦略形成には、技術経済性分析（techno-economic analysis）などモデル計算と、社会技術分析（socio-technical analysis）による、より幅広い視野での分析が必要となる。技術経済性分析が、技術的に可能で経済効率の最もよい方法を明らかにする一方で、社会技術分析は、イノベーションプロセス、ビジネス戦略、社会受容性、文化的影響、政治的影響など数値解析で分析ができないが、実際社会では必要不可欠な課題を明らかにする。この二つのアプローチを完全に統合することはできないが、相互にチェックし合うことで、コスト効率がよく、社会・政治的に可能な脱炭素化の道を提示することができる[53]。

❈2　地域分散型システムの構築

京都で示したようなシステムを構築するためには、地域に根差した分散型電力システムの開発が必要となる。これまでの電力の消費者だった建物の持ち主が、屋根上PVを通じて発電を行い売電も行うプロズーマー（Prosumer: consumerとproducerを足した造語。）としての役割を担う。そして、プロズーマーが、自分たちの持つDER（Distributed Energy Resource：分散型電源リソース。PV、蓄電池、EV、給湯機など、分散型電源の効率を高めるために使用できるすべての機器。）をうまくコントロールしながら、建物内の自家消費を最大化する。次に、地域の電力需要、PV発電、蓄電、DERをうまくバランスし、余剰電力の地域内消費を最大化しつつ需要供給バランスを広域に広げる。そして、より広域な電力市場へと繋げていく[54]。これらのプロセスを円滑にコントロールするためには、AI、ICTを活用したEV充放電のコントロールや、近隣間でDERのシェア、取引を可能とするP２P（peer-to-peer）などのエネルギーマネッジメントシステムを構築する必要がある。特に、戸建て住宅は、電力需要に対して比較的大きな屋根をもち、将来的には各家にEVが数台あることが想定できる。これを活用することで、街の中で住宅街は、仮想発電所（virtual power plant）としての役割を持つようになる[29]。このような取り組みを通じて地域内でPV電力の自家消費を高めることで、PVの経済性を高め、さらなる普及が可能となる。また、マイクログリッドによって限られた地域内で電力融通を行い、災害時などには自立して電力供給を行うことも可能である。マイクログリッドは、送配電系統と少なくとも一点で接続され、マイクログリッド内のDERを一つのシステムとしてコントロールすることで、マイクログリット単位で電力系統の調整（アンシラリーサービス）にも活用できる。

3　公平性

再生可能エネルギーを基盤とした分散型エネルギーシステムに移行するためには、社会的な様々な課題を解決しなければならない。これは、ジャストトランジッション（公正な移行）とも呼ばれ、欧米では、カーボンニュートラルに向けた重要な課題として議論されている。ここでは、そのいくつかの事例を紹介する。まず、世界中で屋根上PVの急速な普及が起こっているが、これには公平性の課題が生じうることが指摘されている[55],[56]。屋根上PVの普及は、お金に余裕のある富裕層から始まり、PVの価格の下落と共に、低中所得者層に広がっていく。その過程で、屋根上PVを補助金で敷設した家庭は電力系統からの買電が減り大きな節約が可能となる一方で、系統システムを維持するために残された電力需要家への電力価格は上昇し、中低所得者層がそれを負担することになる。この問題を解決するために、米国カリフォルニアでは、補助金を減らしたり固定電気料金を高めるなどの施策を検討しているが、これらの施策が屋根上PVの普及を遅らせ、中低所得者層にとってもメリットとならないと指摘されている。トランジッションにおける公平性を担保するためには、中低所得者層をターゲットとした補助金や、屋根上PVの第３者所有モデルなどの有効な施策がある[55]。また、カリフォルニアでは、黒人や貧困層の多い地区において、既存の送配電網の容量や家庭の電圧容量が限られているため、脱炭素化に向けた電化、EV所有、PVの設置において技術的な問題が生じ、これらの地区において分散型電源の導入がさらに遅れる可能性が示されている[57]。同様の課題は、日本でも起こりうるため早期に問題を認識し解決策を講じる必要がある。

エネルギーの社会課題の一つに、エネルギー貧困がある[58]。家庭の収入の内、エネルギー経費が占める割合は貧困家庭の方が多くなるため、分散型電源へ向けた移行の際には特に注意が必要になる[59]。エネルギー貧困の定義には、「10％指標」がよく用いられ、家庭の収入における10％以上がエネルギー支出に当たる場合、エネルギー貧困であると言われる。日本においても、エネルギー貧困は課題となっており、北に位置する地方では冬の期間の暖房需要が高まる際にエネルギー貧困が課題になり、南の地域では冷房需要が高まる時期に、エネルギー貧困が問題となりやすい。日本全体を見ると、北海道や東北地方に、エネルギー支出が10%を超えるエネルギー貧困が多い[59]。この指標は、収入におけるエネルギー支出から計算しているので、十分な暖房や冷房を利用できているかを示すわけではない。そこで、気候、住居タイプ、家族構成を考慮した新指標が提案されている[59]。その指標によると、四国や九州でもエネルギー貧困は高く、北国のみの問題ではないことがわかる。

今後、日本においても、屋根上PV、EV、電気給湯等の普及が進んでいくと考えられる。これらの新しい技術は、金銭的に余裕のある世帯から導入が始まり、最終的には、社会全体のインフラの一部となる。このトランジッションにおいて、エネルギー貧困への対応や、既存のビジネスモデルからの転換が難しい企業への対応を、社会全体の問題として捉えながらカーボンニュートラルへの移行を進める必要がある。

BOX 5　グラニュラー（Granular）な技術の急速な普及

通常、小さくてモジュラー型（グラニュラー）の技術は、より大きな技術より普及スピードが早い[60]。これは、「低い投資リスク」、「より容易な学習」、「買い替えサイクルが短いことによるロックインを免れる可能性の高さ」、「より公平なアクセス」、「低い価格のためより多くの職を作り出す」、「関連イノベーションの高い社会的リターン」に起因している。急速な脱炭素化が必要な現在、PVやEVなどのグラニュラーな小型技術は、原子力発電所やCCSに比べて急速に普及しCO_2排出削減に貢献する可能性が高い。つまり、脱炭素化を計画する際には、「グラニュラー」の度合いを評価の一つに加える必要がある[60]。

サマリー

カーボンニュートラルへ向けた社会の脱炭素化とは、「既存の技術をどのように新しい技術に置き換えていくか」という社会課題である。これは、社会技術トランジッション（socio-technical transition）と呼ばれ、社会技術システムの多層的な分析（MLP）に基づく戦略形成が有効である。また、このエネルギー技術の急速な転換は、現在エネルギー貧困にある人たちに、大きなしわ寄せがいく可能性があり、適切な対応を取りながら脱炭素化を進めて行かなければならない。

Questions

- □ **問題1** 都市の脱炭素化のための多層視点分析（MLP）について説明しなさい。
- □ **問題2** あなたの都市の脱炭素化に向けたトランジッションを、MLPを使って説明しなさい。
- □ **問題3** 都市の脱炭素化を加速するために、重要な公平性の課題について説明しなさい。

<参考文献>

(1) UN DESA. World Urbanization Prospects 2018. 126 https://population.un.org/wup/（2019).

(2) Scripps Insituttion of Oceanography. スクリプスCO_2プログラム. https://scrippsco2.ucsd.edu/graphics_gallery/mauna_loa_record/mauna_loa_record.html（2021).

(3) Manabe, S. & Stouffer, R. J. Sensitivity of a global climate model to an increase of CO_2 concentration in the atmosphere. *J. Geophys. Res.* 85, 5529–5554（1980).

(4) *IPCC. Climate Change 2021: The Physical Science Basis. Contribution of Working Group I to the Sixth Assessment Report of the Intergovernmental Panel on Climate Change.* https://www.ipcc.ch/report/ar 6 /wg 1 /downloads/report/IPCC_AR 6 _WGI_Full_Report.pdf（2021).

(5) Zachos, J. C., Dickens, G. R. & Zeebe, R. E. An early Cenozoic perspective on greenhouse warming and carbon-cycle dynamics. *Nature* 451, 279–283（2008).

(6) 環境省. 気候変動の観測・予測及び影響評価統合レポート2018～日本の気候変動とその影響～. 8 https://www.env.go.jp/earth/tekiou/pamph2018_full.pdf（2018).

(7) Rockström, J. *et al.* A roadmap for rapid decarbonization. *Science (80-.)* . 355, 1269–1271（2017).

(8) Goldewijk, K. K., Beusen, A., Doelman, J. & Stehfest, E. Anthropogenic land use estimates for the Holocene – HYDE 3.2. *Earth Syst. Sci. Data* 9, 927–953（2017).

(9) *IPCC. Global warming of 1.5 °C. An IPCC Special Report on the impacts of global warming of 1.5 °C above pre-industrial levels and related global greenhouse gas emission pathways, in the context of strengthening the global response to the threat of climate change,.*（2018).

(10) Kobashi, T. *et al.* Volcanic influence on centennial to millennial Holocene Greenland temperature change. Sci. Rep. 7,（2017).

(11) IPCC. The Intergovernmental Panel on Climate Change. https://www.ipcc.ch/ (2022).
(12) 経済産業省資源エネルギー庁. 第 1 章 国内エネルギー動向. *エネルギー白書2021* 82–147 (2021).
(13) 国立社会保障・人口問題研究所. 日本の将来推計人口（平成 29 年推計）. 62 https://www.ipss.go.jp/pp-zenkoku/j/zenkoku2017/pp29_gaiyou.pdf (2017).
(14) 国立環境研究所. 2020年度（令和 2 年度）の温室効果ガス排出量（速報値）について. http://www.nies.go.jp/whatsnew/20211210/20211210.html (2021).
(15) Moran, D. *et al.* Carbon footprints of 13 000 cities. *Environ. Res. Lett.* 13, (2018).
(16) 環境省. 温室効果ガス排出・吸収量算定結果. https://www.env.go.jp/earth/ondanka/ghg-mrv/emissions/index.html (2022).
(17) 鶴崎敬大. 家庭での脱炭素化. in 都市の脱炭素化（ed. 小端拓郎）15–25（大河出版, 2021）.
(18) Staffell, I. *et al.* The role of hydrogen and fuel cells in the global energy system. *Energy Environ. Sci.* 12, 463–491 (2019).
(19) 再生可能エネルギー・水素等関係閣僚会議. 水素基本戦略. 35 https://www.cas.go.jp/jp/seisaku/saisei_energy/pdf/hydrogen_basic_strategy.pdf (2017).
(20) Longden, T., Beck, F. J., Jotzo, F., Andrews, R. & Prasad, M. 'Clean' hydrogen? – Comparing the emissions and costs of fossil fuel versus renewable electricity based hydrogen. *Appl. Energy* 306, 118145 (2022).
(21) 内藤克彦. 自動車の電動化. in 都市の脱炭素化（ed. 小端拓郎）13（大河出版, 2021）.
(22) IEA. *Net zero by 2050: A roadmap for the global energy sector. International Energy Agency* (2021).
(23) Transport&Environment & BNEF. *Hitting the EV inflection point.* (2021).
(24) IEA. *Global EV Outlook 2021. Global EV Outlook 2021* (2021) doi:10.1787/d394399e-en.
(25) Transport & Environment. Break-up with combustion engines How going 100 % electric for new cars & vans by 2035. 1–21 (2021).
(26) 資源エネルギー庁. エネルギー基本計画について. https://www.enecho.meti.go.jp/category/others/basic_plan/ (2021).
(27) 株式会社資源総合システム. *日本市場における2030/2050年に向けた太陽光発電導入量予測.* (2020).
(28) 資源エネルギー庁. 総合エネルギー統計. https://www.enecho.meti.go.jp/statistics/total_energy/results.html#headline 1 (2021).
(29) Kobashi, T., Choi, Y., Hirano, Y., Yamagata, Y. & Say, K. Rapid rise of decarbonization potentials of photovoltaics plus electric vehicles in residential houses over commercial districts. *Appl. Energy* 306, 118142 (2022).
(30) 工藤美香. 都市の中の太陽光一導入拡大に向けた法的・制度的課題. in 都市の脱炭素化（ed. 小端拓郎）13（大河出版, 2021）.
(31) 太陽光発電総合情報. 太陽光発電に向いている地域とは？. https://standard-project.net/solar/region/ (2021).
(32) Kobashi, T., Jittrapirom, P., Yoshida, T., Hirano, Y. & Yamagata, Y. SolarEV City concept: Building the next urban power and mobility systems. *Environ. Res. Lett.* 16, (2021).
(33) Kobashi, T., Jittrapirom, P., Yoshida, T., Hirano, Y. & Yamagata, Y. SolarEV City concept: Building the next urban power and mobility systems. *Environ. Res. Lett.* 16, 024042 (2021).
(34) 小端拓郎. SolarEV シティー構想：新たな都市電力とモビリティーシステムの在り方. in 都市の脱炭素化（ed. 小端拓郎）10（大河出版, 2021）.
(35) Ramsebner, J., Haas, R., Ajanovic, A. & Wietschel, M. The sector coupling concept: A critical review. *Wiley Interdiscip. Rev. Energy Environ.* 10, 1–27 (2021).

(36) 古矢勝彦. V 2 Hシステムとエネルギーマネジメント. in 都市の脱炭素化 (ed. 小端拓郎)8 (大河出版, 2021).
(37) 田中謙司と武田泰弘. 分散協調メカニズムの活用による都市の脱炭素化実現の可能性. in 都市の脱炭素化 (ed. 小端拓郎)10 (大河出版, 2021).
(38) CHARIN. Vehicle to Grid. https://www.charin.global/news/vehicle-to-grid-v 2 g-charin-bundles-200-companies-that-make-the-energy-system-and-electric-cars-co 2 -friendlier-and-cheaper/ (2021).
(39) Kobashi, T. *et al.* Techno-economic assessment of photovoltaics plus electric vehicles towards household-sector decarbonization in Kyoto and Shenzhen by the year 2030. *J. Clean. Prod.* 253, 119933 (2020).
(40) Kobashi, T. *et al.* On the potential of "Photovoltaics + Electric vehicles" for deep decarbonization of Kyoto' s power systems: Techno-economic-social considerations. *Appl. Energy* 275, 115419 (2020).
(41) Blair, N. *et al.* System Advisor Model (SAM)General Description. (2018).
(42) 京都市. 京都市統計ポータル. https://www2.city.kyoto.lg.jp/sogo/toukei/Publish/YearBook/ (2021).
(43) IRENA. *Renewable Power Generation Costs in 2020. Journal of Physics A: Mathematical and Theoretical* vol. 44 (2021).
(44) Victoria, M. *et al.* Solar photovoltaics is ready to power a sustainable future. *Joule* 5, 1041–1056 (2021).
(45) IEA. *Energy prices and taxes: First quarter 2019.* (2019).
(46) 資源エネルギー庁. 固定価格買取制度. https://www.enecho.meti.go.jp/category/saving_and_new/saiene/kaitori/fit_kakaku.html (2022).
(47) King, A. SIREN: SEN's interactive renewable energy network tool. in *Transition towards 100% renewable energy* (ed. Sayigh, A.)536 (Springer, 2018).
(48) Geels, B. F. W. *et al.* Sociotechnical transitions for deep decarbonization: Accelerating innovation is as important as climate policy. *Science (80-.)* . 357, 1242–1244 (2017).
(49) Geels, F. W. Disruption and low-carbon system transformation: Progress and new challenges in socio-technical transitions research and the Multi-Level Perspective. *Energy Res. Soc. Sci.* 37, 224–231 (2018).
(50) Geels, F. W., Schwanen, T., Sorrell, S., Jenkins, K. & Sovacool, B. K. Reducing energy demand through low carbon innovation: A sociotechnical transitions perspective and thirteen research debates. *Energy Res. Soc. Sci.* 40, 23–35 (2018).
(51) Geels, B. F. W., Benjamin, K., Schwanen, T. & Sorrell, S. Accelerating innovation is as important as climate policy. *Science (80-.).* 357, 4 – 7 (2017).
(52) Meckling, J., Kelsey, N., Biber, E. & Zysman, J. Winning coalitions for climate policy. *Science (80-.).* 349, 1170–1171 (2015).
(53) Geels, F. W., Sovacool, B. K., Schwanen, T. & Sorrell, S. Sociotechnical transitions for deep decarbonization. *Science (80-.).* 357, 1242–1244 (2017).
(54) Morstyn, T., Farrell, N., Darby, S. J. & McCulloch, M. D. Using peer-to-peer energy-trading platforms to incentivize prosumers to form federated power plants. *Nat. Energy* 3, 94–101 (2018).
(55) O'Shaughnessy, E., Barbose, G., Wiser, R., Forrester, S. & Darghouth, N. The impact of policies and business models on income equity in rooftop solar adoption. *Nat. Energy* 6, 84–91 (2021).
(56) Lukanov, B. R. & Krieger, E. M. Distributed solar and environmental justice: Exploring the

demographic and socio-economic trends of residential PV adoption in California. *Energy Policy* 134, 110935 (2019).

(57) Brockway, A. M., Conde, J. & Callaway, D. Inequitable access to distributed energy resources due to grid infrastructure limits in California. *Nat. Energy* 6, (2021).

(58) Healy, N. & Barry, J. Politicizing energy justice and energy system transitions: Fossil fuel divestment and a "just transition". *Energy Policy* 108, 451-459 (2017).

(59) 宇佐美誠 & 奥島真一郎. 公平なエネルギー転換：気候正義とエネルギー正義の観点から. in 都市の脱炭素化 (ed. 小端拓郎) 270 (大河出版, 2021).

(60) Wilson, C. et al. Granular technologies to accelerate decarbonization. *Science (80-.)* . 368, 36-39 (2020).

(61) NIES. 温室効果ガスインベントリ. https://www.nies.go.jp/gio/archive/nir/jqjm1000000x 4 g42-att/NIR-JPN-2021-v3.0_J_GIOweb.pdf (2021).

(62) David Adam. How far will global population rise? Researchers can't agree. *Nature* 597, 462-465 (2021).

第2章

脱炭素に向けた地域公共政策

この章の位置づけ

この章では、地域を脱炭素化するための公共政策について解説する。現在の社会は化石資源の使用を前提に構築されているため、自治体が地域を脱炭素化するためには、住民の合意を形成し、適切な計画を策定し、住民や企業の行動・選択を変容させせること、すなわち公共政策が求められる。

一方、現代の地域社会には、脱炭素化よりも優先すべきと認識されている課題が山積している。脱炭素化が重要であることは無論であるが、人口減少や地域経済、医療・福祉のような眼前の課題より脱炭素化を優先すべきと説いても、賛同されるとは限らない。自治体は、今を生きる住民に責任を負っているからである。

そこで、本章では脱炭素化と地域の課題解決を同時に行う政策手法を中心に解説する。コベネフィットや政策統合等と呼ばれる政策手法で、国内外の先進自治体で積極的に試みられている。

2章の要約

この章で学ぶこと

セクション1　地域の脱炭素計画

自治体が脱炭素計画を策定することの意義と手法を学ぶ。策定に際しては、国の技術的助言を参照し、あるべき将来から逆算する。長野県とニセコ町の事例を紹介する。

セクション2　脱炭素条例

自治体の重要な政策手法である条例について、策定の意義と手法を学ぶ。適切な条例は、効果的に住民等の行動・選択を変容できる。東京都と長野県、ニセコ町の事例を紹介する。

セクション3　脱炭素まちづくり

自治体の重要な役割であるまちづくりについて、脱炭素化の手法を学ぶ。脱炭素まちづくりにおいては、環境と生活の価値を向上させることが重要となる。長野県とニセコ町の事例を紹介する。

セクション4　拠点の形成

地域の脱炭素化の核となる拠点の形成手法を学ぶ。とりわけ、老朽化が深刻な課題となっている公共施設の脱炭素化の手法を具体的に学ぶ。ニセコ町と北栄町、千葉商科大学の事例を紹介する。

セクション5　まとめ―真のPDCAを回す

計画や組織、プロジェクトのマネジメントで必須となるPDCA手法を学ぶ。

セクション 1

地域の脱炭素計画

Keywords
コベネフィット、政策統合、バックキャスティング、フォアキャスティング、デカップリング

※1 計画の意義

① 自ずとは脱炭素地域にならない

現在の都市や農山村のあり方は、高度経済成長期に形成された。農山村から都市への人口移動と自動車利用の急増（モータリゼーション）が同時期に起き、都市のインフラストラクチャー（インフラ）では量の整備が優先された。日本の市部（都市）と郡部（農山村）の人口割合は、1950年に37.3％対62.7％であったものが、1970年に72.1％対27.9％と逆転している。1950年に全国で約6万台だった乗用車保有台数は、1970年に約900万台と20年間で150倍に急増した。乗用車保有台数はその後も増加を続け、2020年には軽自動車と合わせて7,200万台に達している。

そのため、地域を脱炭素化するには、行政を含む住民の意思と行動が必要となる。なぜならば、高度経済成長は、石油・石炭等の化石資源の利用を前提としていたため、地域のあり方もそれに適合されてきた。脱炭素化とは、その前提が崩れることを意味し、必然的に地域のあり方の再考を迫る。

よって、住民の意思と行動を明確にし、その論理とビジョン、具体的な施策を自治体の計画として示すことが求められる。自治体の政策と企業・住民の行動・選択、地域の構造には、人口増加と化石資源の利用を前提とする経路依存性があるため、自ずと脱炭素地域になるわけでなく、意思と計画によって転換しなければならない。

② 自治体の資源は有限である

地域で脱炭素化の主軸となる自治体の資源は、資金・人員・権限・時間の四

つである。資金とは財政、人員とは職員、権限とは法令、時間とは首長や職員の任期である。自治体は大きな力を持っているが、無限というわけでなく、人口減少や財政状況の悪化に伴って、近年は資金と人員を減少させつつある。

計画は、資源の有効な配分のために必要となる。自治体の各部局は、それぞれに解決すべき課題を抱えており、資源は常に不足している。優先順位の高い課題に対し、十分に練られた有効な解決策を講じ、それらへの資源配分を予め決めるのが、自治体の計画である。

計画によって、住民の資源を脱炭素化に向けることもできる。住民の便益を低下させずに、住民の資源を脱炭素化に用いることができれば、地域の脱炭素化は自治体の資源制約を超えて進むことになる。

そのためには、知恵とネットワークという新たな資源の活用が求められる。従来と異なる施策を創造するには、前例に捉われない知恵が必要となる。住民の自発的な協力を得て資源とするには、関係する団体や住民、すなわちステークホルダーとのネットワークが必要となる。

③　複数課題を同時に解決する

脱炭素化において重視される考え方として、コベネフィット（Co-Benefits）がある。一つの施策が本来の目的に加え、複数の分野に便益を及ぼす概念である。例えば、エネルギー効率化を目的に電気自動車（EV）を普及する場合、大気汚染や騒音の軽減というコベネフィットが得られる。

近年では、より積極的な考え方として、政策統合（Policy Integration）あるいはセクターカップリングがある。これは、複数分野の課題を統合的に捉え、一つの施策で複数分野の課題解決を同時に目指す。典型例としては、再生可能エネルギーの変動調整と交通部門の脱炭素化という二つの課題について、電力価格が安い時に自動充電するEVを大量普及することで、両者を同時に解決する政策がある。

計画を立てることで、コベネフィットや政策統合を積極的に実現できる。少なくとも、政策統合は予め計画しなければ、実現できない。これらを明確にすることは、便益を得る人を増やし、脱炭素計画への賛同者を増やす。

※2　自治体の計画

①　法令に基づいて策定する

地球温暖化対策の推進に関する法律（温対法）は、地球温暖化対策の推進を自治体の責務としている。同法はすべての自治体に対して、その事務・事業に関する温室効果ガス排出削減計画（事務事業編）の策定を義務づけている。加えて、都道府県と政令指定都市、中核市に対しては、自治体の区域全体の温室効果ガス排出削減計画（区域施策編）の策定を義務づけ、その他の市町村に対しては策定を努力義務としている。そして、同法は「2050年までの脱炭素社会の実現」を基本理念として定めており、実質的には、その事務・事業だけでなく、区域全体を対象とする脱炭素計画の策定をすべての自治体に求めている。

そのため、自治体で脱炭素計画を策定する場合、同法に基づいて策定することになる。同法の区域施策編では、目標の他、再生可能エネルギーの利用促進、住民・企業活動の促進、都市機能の集約、公共交通の利用促進、廃棄物の発生抑制等の施策とそれぞれの目標を定めることが求められている。

②　国の技術的助言を参照する

環境省は、事務事業編と区域施策編それぞれの計画策定マニュアルを公表している。地方自治法に基づく、国から自治体への技術的助言である。マニュアルの他に、事例集、各種データ、排出量の算定ツール、研修教材等の関連情報が提供されている。

自治体の脱炭素計画を策定するに当たり、これら国の技術的助言を参照することが重要である。特に、計画を初めて策定する自治体や新任の担当者は、マニュアルに沿って計画の草案を作成することが望ましい。それにより、法律の規定を漏らすことなく、一定レベルの計画となる。なお、国が自治体に求める役割については、姉妹書籍『都市の脱炭素化』第4部の澁谷潤「脱炭素社会の実現に向けた地方公共団体の取組について」で詳しく解説している。

一方、先進的な自治体においては、国の技術的助言を踏まえつつ、より精度の高い計画に独力でレベルアップすることが求められる。技術的助言は、全体的な底上げを主眼としているため、必ずしも先進的な自治体の必要を満たすものでない。先進的な自治体においては、国内外の先進事例を学ぶとともに、専門家やステークホルダーの協力を得て地域に適した施策を創造することが期待

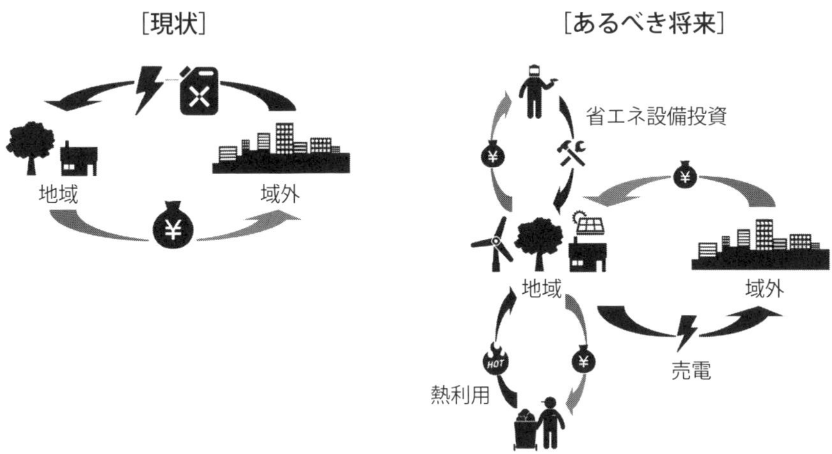

図１　エネルギーと地域経済のメカニズム
（出典：自然エネルギー財団「地域エネルギー政策に関する提言」）。
［現状］は、域外（海外）からエネルギーのほとんどを輸送（輸入）し、地域でそれを消費し、代金を域外（海外）に支払っている。［あるべき将来］は、長期にわたって支払うはずのエネルギー費用を元手に省エネルギー・再生可能エネルギーの設備（資本）に投資することで、域内での雇用・所得を生み、投資回収後は富の蓄積をしている。他都市や企業に再生可能エネルギーを売れば、域外からの資金流入を拡大できる。

される。

③　総合計画を活用する

政令指定都市と中核市を除く市町村に対し、区域施策編の策定が努力義務となっているのは、行政規模が考慮されているためである。小規模な自治体では、地球温暖化対策の専任部署はおろか、専任の担当者を置くことすら難しい。一方、日本はもちろんのこと、世界全体での脱炭素化が求められる以上、規模を理由に脱炭素化を軽視することは無責任となる。

そこで、区域施策編を単独の計画として策定することが困難な自治体では、既存の計画に脱炭素化の視点を加味し、区域施策編を兼ねることが望ましい。区域施策編を兼ねる計画としては、総合計画、環境基本計画、廃棄物処理計画、公共施設管理計画等が考えられる。それにより、業務量を大きく増加させることなく、脱炭素計画を策定できる。

なかでも、総合計画を区域施策編として位置づけることは、積極的な意味を持ちうる。なぜならば**図１**のとおり、域外から購入している化石資源を減らし、富の流出を抑制することは、脱炭素化の基本であると同時に、経済政策となるからである。ほとんどの自治体において、経済の活性化が重要な課題となっており、総合計画の重要な方針として相応しい事項となる。都市機能の集約や公共交通の活性化は、脱炭素化に加え、人口減少対策や自動車を運転できない高齢者等の生活対策として重要となる。

❋3 目標設定の方法

① 現状を把握する

脱炭素目標を立てるには、最初に現状の温室効果ガス排出量を把握しなければならない。排出量の見方は、直接排出と間接排出に分かれる。直接排出とは、電気等の二次エネルギーに転換される温室効果ガスを生産場所（発電所等）の排出量としてカウントする方式であり、間接排出とはエネルギーの消費地の排出量としてカウントする方式である。エネルギーは生産方法によって温室効果ガス排出量が大きく変わるため、エネルギー生産の効率化を進めるには直接排出を見ることが適当である。他方、エネルギーは需要に応じて生産されるため、エネルギー消費の効率化を進めるには直接排出と間接排出の両方を見ることが適当である。

自治体では、熱と燃料の直接排出に加え、二次エネルギーである電気について間接排出で排出量を把握するのが一般的である。排出源の見方は、起源別と分野別に分かれる。起源別とは**表1**のとおり、温室効果ガスの種類で分ける方式である。分野別とは**表2**のとおり、社会活動の種類で分ける方式である。温対法は、区域施策編の策定に際して、両方式で把握することを求めている。自治体では、エネルギー消費地として、間接排出による分野別の排出量を施策立案に用いることが一般的である。

現状の把握に際しては、環境省マニュアルに基づくことが望ましい。排出量の推計手法は、按分法と積上法に分かれる。按分法は、区域全体の排出量を把握できる一方、統計からの按分であるため、施策の結果が反映されにくく、数年遅れての算出となる。積上法は、相対的に高い精度で、一年後程度で把握できる一方、区域全体の排出量を把握しにくい。現在のところ、短所のない把握方法は存在しない。

表１　温室効果ガスの種類と主な排出活動

温室効果ガスの種類		主な排出活動
二酸化炭素（CO_2）	エネルギー起源 CO_2	燃料の使用、他人から供給された電気の使用、他人から供給された熱の使用
	非エネルギー起源 CO_2	工業プロセス、廃棄物の焼却処分、廃棄物の原燃料使用等
メタン（CH_4）		工業プロセス、炉における燃料の燃焼、自動車の走行、耕作、家畜の飼養及び排せつ物管理、廃棄物の焼却処分、廃棄物の原燃料使用等、廃棄物の埋立処分、排水処理
一酸化二窒素（N_2O）		工業プロセス、炉における燃料の燃焼、自動車の走行、耕地における肥料の施用、家畜の排せつ物管理、廃棄物の焼却処分、廃棄物の原燃料使用等、排水処理
ハイドロフルオロカーボン類（HFCs）		クロロジフルオロメタン又はHFCsの製造、冷凍空気調和機器、プラスチック、噴霧器及び半導体素子等の製造、溶剤等としてのHFCsの使用
パーフルオロカーボン類（PFCs）		アルミニウムの製造、PFCsの製造、半導体素子等の製造、溶剤等としてのPFCsの使用
六ふっ化硫黄（SF_6）		マグネシウム合金の鋳造、SF_6の製造、電気機械器具や半導体素子等の製造、変圧器、開閉器及び遮断器その他の電気機械器具の使用・点検・排出
三ふっ化窒素（NF_3）		NF_3の製造、半導体素子等の製造

（出典：環境省「地方公共団体実行計画（区域施策編）策定・実施マニュアル算定手法編（Ver.1.1）」）

表2　温室効果ガス排出の部門・分野一覧

ガス種	部門・分野		説明	備考
エネルギー起源CO_2	産業部門	製造業	製造業における工場・事業場のエネルギー消費に伴う排出。	
		建設業・鉱業	建設業・鉱業における工場・事業場のエネルギー消費に伴う排出。	
		農林水産業	農林水産業における工場・事業場のエネルギー消費に伴う排出。	
	業務その他部門		事務所・ビル、商業・サービス業施設のほか、他のいずれの部門にも帰属しないエネルギー消費に伴う排出。	
	家庭部門		家庭におけるエネルギー消費に伴う排出。	自家用自動車からの排出は、運輸部門（自動車（旅客））で計上します。
	運輸部門	自動車（貨物）	自動車（貨物）におけるエネルギー消費に伴う排出。	
		自動車（旅客）	自動車（旅客）におけるエネルギー消費に伴う排出。	
		鉄道	鉄道におけるエネルギー消費に伴う排出。	
		船舶	船舶におけるエネルギー消費に伴う排出。	
		航空	航空機におけるエネルギー消費に伴う排出。	
	エネルギー転換部門		発電所や熱供給事業所、石油製品製造業等における自家消費分及び送配電ロス等に伴う排出。	発電所の発電や熱供給事業所の熱生成のための燃料消費に伴う排出は含みません。

<table>
<tr><td rowspan="6">エネルギー起源CO_2以外のガス</td><td rowspan="2">燃料の燃焼分野</td><td>燃料の燃焼</td><td>燃料の燃焼に伴う排出。【CH_4、N_2O】</td><td rowspan="6">「エネルギー起源CO_2以外のガス」の各分</td></tr>
<tr><td>自動車走行</td><td>自動車走行に伴う排出。【CH_4、N_2O】</td></tr>
<tr><td colspan="2">工業プロセス分野</td><td>工業材料の化学変化に伴う排出。【非エネ起CO_2、CH_4、N_2O】</td></tr>
<tr><td rowspan="2">農業分野</td><td>耕作</td><td>水田からの排出及び耕地における肥料の使用による排出。【CH_4、N_2O】</td></tr>
<tr><td>畜産</td><td>家畜の飼育や排泄物の管理に伴う排出。【CH_4、N_2O】</td></tr>
<tr><td colspan="2">代替フロン等４ガス分野</td><td>金属の生産、代替フロン等の製造、代替フロン等を利用した製品の製造・使用等、半導体素子等の製造等、溶剤等の用途への使用に伴う排出。【HFCs、PFCs、SF_6、NF_3】</td></tr>
</table>

（出典：環境省「地方公共団体実行計画（区域施策編）策定・実施マニュアル算定手法編（Ver.1.1）」）

② あるべき将来から逆算する

温対法に基づいて区域施策編を策定する場合、2050年までに温室効果ガス排出量をゼロとする長期目標を立てることが求められる。間接排出で見て、区域全体からの排出量と吸収量の差をゼロとする目標である。これよりも目標を高めたり、達成年度を前倒ししたりすることは望ましいが、目標を下げることは温対法の趣旨に沿わない。

長期目標を立ててから、短期・中期の目標を導き出す手法をバックキャスティング（Backcasting）という。長期目標・あるべき将来を決め、そこから逆算し、それを実現できるように短期目標や施策を定める。他方、現状から出発し、可能な施策を積み重ねて短期目標とし、長期目標・あるべき将来を定める手法をフォアキャスティング（Forecasting）という。環境省環境研究総合推進費では、自治体ごとのデータに基づいたバックキャスティングを支援する「カーボンニュートラル・シミュレーター」（https://opossum.jpn.org/）が開発されている。

長野県では、バックキャスティングによって2050年に温室効果ガス排出量をゼロとする目標を立てた。**表3**は、目標のベースとなったエネルギー消費と生産のシナリオである。

③ コベネフィットに関連するデータを把握する

脱炭素化に多くの人々の主体的な参画を得るため、温室効果ガス排出量に加えて、関連する様々なデータを把握することが重要になる。関連するデータとは、脱炭素化に伴って変動の可能性がある分野のデータである。

もっとも重要なデータは、エネルギー消費に伴って域外に流出している資金量である。脱炭素化の施策は、エネルギーに関する資金の流入額を増やし、域内での循環を活発にし、流出額を抑制することにつながるためである。環境省が提供する「地域経済循環分析自動作成ツール」（https://www.env.go.jp/policy/circulation/）では、全国すべての自治体の経済の状況とエネルギー消費に伴う資金量を明らかにしている。脱炭素化の施策を講じた際の経済波及効果も試算できる。

表3　長野県のエネルギー消費と生産のシナリオ

部門	2050年の状態	エネルギー消費NET削減効果	主な政策	2017年のエネルギー消費NET
運輸部門（移動）	走行距離の縮減	−0.3万TJ	移動距離の短いまちの形成	6.5万TJ
	EVへの転換	−3.9万TJ	EV使用環境の整備	
家庭部門（生活）	新築住宅のZEH化	−0.6万TJ	建築物環境エネルギー性能検討制度の強化	4.0万TJ
	既存住宅の省エネ基準化	−0.7万TJ	断熱改修の促進	
産業・業務部門（企業活動）	年2％のエネルギー効率向上	−1.8万TJ	事業活動温暖化対策計画書制度の強化	6.6万TJ
	ビルのZEB化と集約	−1.9万TJ	建築物環境エネルギー性能検討制度の強化	
再生可能エネルギー	全建物の屋根へのソーラーと小水力発電ポテンシャルの開発等	−3.6万TJ	地域主導型再生可能エネルギーの支援強化、企業局による小水力発電の開発	−2.8万TJ
人口減少に伴うエネルギー消費減少	−2.0万TJ			—
エネルギー消費NET（消費量−生産量）	−0.5万TJ			14.3万TJ

（出典：長野県「ゼロカーボン戦略」に基づき筆者作成）

❋4　計画の事例

①　優良事例のプロセスを理解する

脱炭素計画を策定するに当たり、他の自治体の計画を参照することは有効である。優れた計画を丁寧に読解することで、研修に優るとも劣らない効果が得られるだろう。

事例を参照する際のポイントの第一は、論理的な整合性を見ることである。現状認識（出発点）から将来の姿（目標）まで、施策（手段・道筋）でつながっているか。基本的な道筋（出発点から目標まで）から外れた施策はないか。目標を達成する見込みはあるか。実行主体が明確になっているか。論理的な整合性に欠ける計画は、優良といえない。

第二は、策定プロセスを理解することである。優良事例を見聞すると、そのまま模倣したにもかかわらず、有効に機能しないことがある。あるいは、参考にできない理由を列挙し、結果として無視することが起きる。どの優良事例であっても、容易に実現したものはなく、様々な困難や制約を乗り越えている。模倣しても機能しなかったり、できない理由を並べて参考にしなかったりするのは、優良事例の策定プロセスを理解しないからである。どうやって困難や制約を解決したのか。そこにこそ参考にすべき知見が豊富にある。

なお、以下で示す事例の他にも、多くの事例が存在する。環境省のマニュアルには、複数の事例が紹介されている。姉妹書籍『都市の脱炭素化』第4部も、京都市（原圭史郎「脱炭素社会に向けたフューチャー・デザイン」と藤田将行「1.5℃に向けた京都市の挑戦」）と小田原市（山口一哉「小田原市におけるシェアリングEVを活用した脱炭素型地域交通モデル」）の事例を紹介している。

② 長野県ゼロカーボン戦略

これは、温対法に基づく区域施策編と事務事業編に加え、気候変動適応法に基づく地域気候変動適応計画を兼ねている。2021年度から2030年度までの計画で、2030年度までに温室効果ガス排出量を6割減、2050年度までに森林吸収量以下とする目標を掲げている。最終エネルギー消費量を2030年度に4割減、

BOX 1　地方公共団体実行計画策定・実施支援サイト

国は、日本全体での脱炭素化を促進するために様々な情報提供を行っており、それをまとめた「脱炭素ポータル」（ https://ondankataisaku.env.go.jp/carbon_neutral/ ）を設けている。けれども、情報過多の状態であるため、脱炭素計画を策定するために必要な情報を得にくい。

脱炭素計画の策定に際しては、環境省の「地方公共団体実行計画策定・実施支援サイト」（ https://www.env.go.jp/policy/local_keikaku/ ）を参照することが適当である。策定に必要なマニュアルやツール。支援システムに加え、各自治体の策定状況や事例、説明会等の案内、補助金の情報まで、過不足なく掲載・リンクされている。

2050年度までに7割減、再生可能エネルギー生産量を2030年度までに2倍増、2050年度までに3倍増と、温室効果ガスの目標に加え、エネルギー目標を掲げている。いずれも基準は2010年度である。

環境と経済の好循環を計画の最上位目標とし、県内総生産を伸ばしつつ、温室効果ガス排出量の抑制を目指す。この方針はデカップリング（Decoupling）と呼ばれ、計画の特徴である。長野県は、2010年度を100とする指数で、2017年度までに実質県内総生産を105に伸ばし、温室効果ガス排出量を87と下げている。

多くの施策でコベネフィットが考慮されていることも、特徴である。例えば、公共施設のエネルギー効率化に当たっては、建物の長寿命化をセットにしている。再生可能エネルギーの拡大に当たっては、経済の活性化を意図している。エネルギー性能の高い住宅の普及に当たっては、健康寿命の延伸を施策の狙いに含めている。

③　ニセコ町環境モデル都市アクションプラン

これは、同町が2014年に国から環境モデル都市に認定されたことに伴って策定された。温対法に基づく区域施策編を兼ねている。2019年度から2023年度までの温室効果ガス排出量の削減計画で、2015年度を基準年として、2030年度に44％減、2050年度までに86％減とする目標を掲げている。

本計画は、バックキャスティングから将来の姿と優先順位を導き、施策を構築している。**表4**は、将来の姿と重視すべき施策・技術である。その結果、建物のエネルギー消費の効率化を最優先とし、低炭素のエネルギー供給システムを次の優先とし、移動エネルギーの効率化、観光業のエネルギー消費の効率化、家庭での高効率家電への転換を重点としている。

住民参加を重ねて策定した点も、計画の特徴である。計画のビジョンは、住民の議論をそのまま図示（グラフィックレコーディング）し、それに向けて行政や各主体が実行することとしている。

表4　ニセコ町の将来の姿と重視すべき施策等

2050年に2015年比86％のCO_2排出の削減が実施されている姿	左の姿が実現している場合、導入されている施策・技術等
町内の住宅インフラと居住者におけるミスマッチが解消され、現状よりも市街地がコンパクトに高密度化している	高気密・高断熱かつ集住化（集合住宅・賃貸住宅）された住宅ストック
町内のほぼすべての建物が高気密・高断熱化され、そもそもの熱需要、および電力需要が極限まで低減されている	ニセコ町もしくは町民が出資・所有する形での水力発電や太陽光発電等の再エネ電源、再エネガスを利用し自家発電しながら排熱を利用できるコジェネ設備
公共施設を中心に、市街地の主要な熱需要を取りまとめている地域熱供給網が整備されている	上記の再エネ電源・コジェネ電源と、EV電源供給、そして市街地の熱需要部門（地域熱供給）とをつなぐセクターカップリング（電力・交通・熱部門の統合運営）
高齢化社会に対応した公共交通と住民サービスが供給されている	優先度順に、バス等の公共交通、自転車利用環境、自動運転等の個別移動システム、電気自動車
町内の電力・熱需要に対して、ニセコ町の方針に沿った形での力強い対策が迅速に構築できる地域資本のエネルギー事業者が存在し、ニセコ町役場・町民・町内事業者が運営に関与している	条例・規制・特区等、各種法制度の整備（省エネ建築の義務化、環境経営導入の義務化、ESCO事業の検討の義務化、宿泊税の導入等）

（出典：ニセコ町「第二次環境モデル都市アクションプラン」に基づき筆者作成）

サマリー

地域を脱炭素化するには、行政を含む住民の意思と行動が必要となる。脱炭素計画は、資源を有効に配分するために必要となる。また、計画を立てることで複数課題を同時に解決できる。地域の脱炭素化は法律で自治体の責務と定められており、国の技術的助言を参照して計画を策定することが望ましい。脱炭素計画の目標は、あるべき将来から逆算（バックキャスティング）して立てる。

Questions

- □ **問題1**　脱炭素化に用いることができる自治体の資源を説明しなさい。
- □ **問題2**　直接排出と間接排出の違いについて説明しなさい。
- □ **問題3**　バックキャスティングとフォアキャスティングの違いについて説明しなさい。

セクション ❷

脱炭素条例

Keywords
フリーライダー、行動インサイト、ナッジ、市場メカニズム、カーボンプライシング

※1 条例策定の意義

① 長期的な住民合意を形成する

地域を脱炭素化する旨の条例を策定する意義は大きく二つあり、第一は長期にわたる強固な住民の合意を形成することにある。自治体として脱炭素化の意思を示す方法は、①首長の宣言、②計画での目標設定、③議会の決議、④条例と四つの方法があり、①→④の順で住民の意思をより強く・広く示すことになり、将来にわたる変更の可能性が小さくなる。脱炭素化は、長期にわたる取り組みとなるため、広く住民の合意を形成し、首長の交代等でも変更されにくい合意とすることが望ましい。

長野県では、上記の四方法をすべて実施し、県民の総意として脱炭素化に取り組んでいる。2019年12月に議会が「気候非常事態に関する決議」(③)を全会一致で採択し、それを受けて同日、知事が「気候非常事態宣言―2050ゼロカーボンへの決意」(①)を宣言した。議会は2020年10月、全会派共同で「長野県脱炭素社会づくり条例」(④)を提出・可決し、知事は2021年6月、それらを具体的に実行するための「長野県ゼロカーボン戦略」(②)を決定した。また、県内の全市町村長が県の「気候非常事態宣言」に賛同している。

② 地域のルールを決める

第二は、住民等の行動変容を促すルールを定めることにある。条例は、法令に違反しない範囲で人々や法人に一定の義務を課したり、権利を制限したりできる。条例の違反者に対し、2年以下の懲役、100万円以下の罰金等の刑罰、5万円以下の過料(行政罰)を科せる。ただし、国が条例を法令に違反すると

見なした場合、国は自治体に対して是正を要求できる。自治体は、国の要求を不服とする場合、総務省の国地方係争処理委員会に審査を申し出ることができ、その結果を不服とする場合、訴訟を提起できる。

義務を課したり、権利を制限したりできるということは、脱炭素化にとって望ましい行動・選択を促し、望ましくない行動・選択を抑制できることを意味する。実際、環境問題においては、国の法律が後手に回る一方、自治体の条例が対策を先導してきた。例えば、自動車を発生源とする大気汚染について、東京都が1970年に公害防止条例を改正し、使用されている自動車に対して一酸化炭素排出ガス減少装置の取付けを指導・勧告する制度を導入した。国が同装置の取付けを義務化したのは3年後である。東京都環境局長の経験者は「都市の環境を守るために必要な場合には、条例制定権を最大限に活用して、率先して独自の施策を導入していくという姿勢」が確立していたと評価している。

③ 効果的に地域を変えられる

条例による行動変容を促す最大のメリットは、相対的な費用対効果の高さにある。条例の効果は、地域全体に遍く及ぶため、他の手法よりも行政コスト（予算・人員）が少なくて済む。例えば、新築住宅に対して太陽光発電パネルの設置を義務づけることは、すべての新築住宅に対して設置補助金を支出するよりも、少ない予算で済む。既存の建築行政のプロセスを活用できれば、人員は少なく、効果は確かになるだろう。

脱炭素化に向けた行動変容をせずに、便益だけを享受しようとするフリーライダー（Free Rider）の出現も抑制しやすい。フリーライダーは、短期的にはコストを生じさせて長期的には便益を生じさせる行動変容において出現しやすく、それを容認すれば、結果的に行動変容する人の減少を招き、長期的な便益を得られなくする。フリーライダーは、脱炭素化だけでなく、環境問題全般において解決を困難にする問題で、公共政策の立案者はその出現防止に努めなければならない。

2 行動変容を促す三つのルール

① 規制によって行動を変える

条例によって行動変容を促す手法は三つあり、第一は規制である。一定の行動を制限したり、義務化したりすることによって、望ましい行動を促す。規制に反する行動に対しては、警察等の公権力を用いて取り締まり、刑罰あるいは行政罰、行政処分を科す。例えば、特定の路線において自動車交通量を減らすために行われるナンバー規制は、ナンバープレートの末尾番号で、曜日ごとに走行できる自動車とできない自動車を分ける。違反車は、警察の取り締まり対象となる。

規制を用いることの長所は、行動変容の確実性の高さと、一般の人々から見ての分かりやすさである。人々は、行動変容しない利益と取り締まられた時の損失を比較して、行動を変容させる。

短所は、行政コストの高さと、原因者の反発である。多くの行動を変えようとすれば、それを取り締まるための人員を増やさなければならない。規制対象となる行動で便益を得ている人は、規制の導入に反発し、条例の制定を難しくするかもしれない。

② 価格によって行動を変える

第二は価格である。社会的に望ましい行動に要する価格を低下させ、望ましくない行動に要する価格を上昇させることによって、望ましい行動を促す。価格の変化を大きくするほど、行動変容の効果を高められる。例えば、炭素排出の度合いに応じてエネルギー源に課税し、化石エネルギーを大量に使う行動（一人で自動車を使って移動する等）の価格を相対的に高くし、効率的に使う行動（公共交通を使って移動する等）の価格を安くする。

価格を変化させることの長所は、実施に際しての費用対効果の高さと、公正さである。人々は、行動を決定するにあたって考慮する様々な要素のうち、価格を一般的に重視する。一定のポイント（生産者、流通者、出入口等）で税や料金等を徴収して、価格を変化させられるため、行政コストは相対的に大きくない。一方、相応の価格を支払えば行動でき、行政が人々の行動・選択を決めない点で公正といえる。

短所は、原因者の反発と、分かりにくさである。望ましくない行動で便益を得ている人は、価格の変化に反発するかもしれない。直感的な分かりやすさに欠けるため、一般の人々からの強い支持を得にくく、条例の制定が難しいかもしれない。

③　情報によって行動を変える

第三は情報である。社会的に望ましい行動の選択を促す情報を提供したり、望ましくない行動を選択させないための情報を提供したりする。人々は、様々な要素を考慮して行動を決定するが、バイアスによって、合理的な意思決定からしばしば逸脱する。それを補正するための情報提供を行政や事業者に課し、望ましい行動を促す。例えば、統一省エネラベル（家電のエネルギー消費量を金額で示すラベル）の掲出を家電販売店に条例で義務づけ、イニシャルコスト（販売価格）とランニングコスト（電気代）を合わせたトータルコストを考慮して選べれば、多くの人々はエネルギー効率の高い家電（省エネ家電）を選択するだろう。

情報提供を義務づける長所は、費用対効果の高さと受け入れやすさのバランスにある。規制の導入や価格の変化に比べて、反発する人は少ないだろう。

短所は、上記二つの手法と比べて、行動変容の確実性が低いことにある。バイアスの程度は人によって様々であり、提供される情報に注意を払わない人には、ほとんど効果がない。

3　条例の実効性

①　ルールだけでは守られない

条例に限らず、法令の難しい点は、規定するだけでは守られないことにある。道路の速度制限がおおむね守られるのは、運転者に教育し、速度制限を道路に掲出し、警察が取り締まりを行い、違反者にペナルティが与えられるためである。これらの仕組みのため、行政は多額の予算と多数の人員、施設を必要としている。このように規定を守らせる仕組みがなければ、規定は有名無実化する。

そのため、条例で規定を設ける際には、規定の実効性を確保するための仕組みをあわせて設けなければならない。その仕組みは、できる限り予算や人員をかけず、罰則を用いずに構築することが望ましい。予算や人員は、時々の財政状況や行政需要によって変化せざるを得ない。また、罰則は人権を制限するものであり、実効性を高める他の方法がある限り、採用しないことが望ましい。

効果的な仕組みを構築するための有効な知見の一つは、行動科学にある。行動科学から得られる洞察は行動インサイト（Behavioral Insights）と呼ばれ、それを活用した行動介入はナッジ（Nudge）と呼ばれる。経済協力開発機構（OECD）は、政策立案者が利用できる行動科学的手段について**表5**のとおりに分類している。

② ステークホルダーと事前に合意する

条例の実効性を高め、議会で制定し、円滑に執行するためには、制定前にステークホルダーの合意を形成することが重要である。関係者の意見を予め取り入れることで、条例を執行する際の現実的な課題を回避できる。広範な関係者が条例案に同意していれば、議員は賛成しやすい。関係者が合意していれば、条例の規定も順守するだろう。

ステークホルダーは、条例の内容によって異なる。例えば、建物に影響する規定であれば、少なくとも国の建築行政部局、建築士や建設会社、工務店等の業界団体、消費者団体等の合意を得ておく必要があるだろう。罰則を設けるのであれば、取り締まりを担う警察、人権を擁護する弁護士会と予め調整することが望ましい。住民に広く影響が及ぶ規定であれば、住民への説明と意見交換に基づく丁寧な合意形成プロセスが求められるだろう。

効果的な条例の制定とステークホルダーからの意見への対処を両立するには、企画の場と合意形成の場を分離することが有効である。条例は、議会に提出される前、専門家等を集めた審議会等で検討することが一般的である。その際、一部のステークホルダーがメンバーとして強硬に反対し、実質的に拒否権を持つ事態がしばしば生じる。特定の関係者に拒否権を付与することは民主主義の観点から適切でない一方、ステークホルダーからの反対意見に応答しないことも適切でない。そこで、利害関係のない専門家で企画の場を構成し、利害関係者を含むステークホルダーで合意形成の場を構成し、合意形成の場で出された意見・疑問に対し、企画の場で対応策・回答を検討し、そのやり取りを繰り返し、合意を形成するのである。

③ 効率的な執行体制をつくる

脱炭素化の取り組みは広範な分野で求められるため、担当部局だけで条例を執行すれば、非効率的にならざるを得ない。一方、担当部局だけで執行できる条例では、実効性が低下する。

表5　政策立案者が利用できる行動科学的手段

行動科学的手段	解説
情報の単純化とフレーミング	複雑な情報を単純化することで、情報過多を防ぐことができる。フレーミングは、個人の特定の価値観と態度を意図的に活性化するように、情報を表現することを目的とする。情報のフレーミングは、情報の受け手が情報をどのように処理するかにも影響を与えることができる。例えば、エネルギー効率ラベルの場合、ある電化製品をそのクラス最高の電化製品と比較した相対的なランキングと、後者に切り替えた場合に得られる節約額についての認識を与えるようなフレーミングが可能である。
物理的環境の変更	物理的環境は、選択が無意識のうちに、機械的な手順や習慣に基づいて行われる場合は特に、個人の意思決定に大きな影響を与えることができる。そうした介入の例には、リサイクル用回収容器の設置場所や見た目（色など）の変更や、節水を目的とした自動（センサー式の）給水栓の導入などがある。
デフォルト方針の変更	人は現状維持バイアスにかかりやすく、決断を下さざるをえなくなるまで、あるいは下さざるをえなくならない限り、先送りしがちである。そのため、人が変化に抵抗を示す場合、デフォルトが大きな影響をもたらす。そうした介入の一例に、サーモスタットのデフォルト設定の変更がある（つまり、省エネを進めるために、基準となる設定温度を下げるのである）。
社会規範と社会的比較の利用	人は社会的な種であるため、自己の利益に動かされるだけではなく、周囲の人の行動（社会規範）、同じ状況にある他人との比較（社会的比較）、さらには道徳的命令からも影響を受ける。この種の介入の例に、ある世帯のエネルギーや水の使用量を、同一地域の同規模世帯の使用量と比較するというものがある。
フィードバックメカニズムの利用	エネルギーの消費やゴミ捨てといったいくつかの習慣的行動は、環境に大きな影響を与える。しかし、こうした影響は消費者に十分に認識されていないことが多い。消費者へのタイムリーなフィードバックの提供は、そうした状況をより明白にして、日常的な消費選択による環境外部性についての認識を高めることができる。例えば、スマートエネルギーメーターに接続した、リアルタイム表示の家庭内ディスプレイは、エネルギー使用量や料金について即時にフィードバックを提供することができる。
賞罰制度	これは「アメとムチ」として利用され、消費者の功績を顕著な物質的報酬に対応させている。例えば、渇水期に特に節水に努めた家庭に報酬を与えることは、水の保全に対して有益な規範をもたらすことがある。
目標設定とコミットメントデバイス	人は現状維持バイアスと惰性に縛られているため、明確で測定可能な目標を設定し、コミットメントデバイスを用いて進捗状況を定期的に追跡することで、努力を要する行動変容を促すことができる。そうした例の一つに、省エネ目標を設定し、定期的にフィードバックとヒントを提供して実現に向けてフォローするというものがある。

（出典：OECD『環境ナッジの経済学―行動変容を促すインサイト』に基づき筆者作成）

よって、条例の執行業務を関係部局の既存業務に重ねる体制が必要となる。関係する団体に協力を求め、団体の既存業務の一環として、執行業務を担ってもらうことも有効である。執行体制を確保できなければ、条例は存在しないことと同じになってしまう。

4　条例の事例

①　排出量取引制度（東京都）

東京都は、2010年４月から温室効果ガス排出量の総量規制を伴う排出量取引制度を運用している。「都民の健康と安全を確保する環境に関する条例」を改正して導入した。対象は一定量以上の温室効果ガスを排出している事業所（約1200事業所）で、2019年度には基準排出量から27％の削減を達成した。

この制度は、規制と価格によって、温室効果ガス排出量の削減という行動を企業に促している。東京都が対象事業所に温室効果ガス排出量を割り当て、それを超過した事業所が、割り当てよりも削減した事業所から超過分の割り当てを購入する。排出量の割り当ては、排出量の上限規制を意味する。規制を違反した事業所から反則金を徴収し、規制を順守した事業所に報奨金を与える代わりに、排出量の権利を市場メカニズム（Market Mechanism）に基づいて売買できるようにし、取り締まり費用を抑制するとともに、実質的なカーボンプライシング（Carbon Pricing）で削減を促している。

導入に際しては、企画の場と合意形成の場を分け、強硬な反対論を乗り越えた。制度設計は専門家を中心メンバーとする環境審議会で行われた一方、合意形成は事業者団体、エネルギー事業者、消費者団体、環境団体、国の機関をメンバーとする「ステークホルダー・ミーティング」で行われた。東京都は専門家の助言等に基づいて、合意形成の場で出された疑問や懸念に応答し、大半の事業者団体等から理解を得た。その結果、条例改正案は、議会の全会一致で可決された。

②　建築物環境エネルギー性能検討制度（長野県）

長野県は、2015年４月から建築物環境エネルギー性能検討制度を全面運用している。「長野県地球温暖化対策条例」を改正して導入した。対象は、原則として戸建住宅を含むすべての新築建物で、延床面積2,000㎡以上の建物は検討結果を県に報告しなければならない。県が2016年から2019年の間に新築された戸建住宅を調査したところ、84%で国の省エネ基準を上回っていた。

この制度は、エネルギー効率の高い建物の選択という行動を、情報によって促している。施主は、県が指定する評価ツールで、建築前にエネルギー性能を検討することが義務づけられている。建築事業者に対しても、情報提供の努力

BOX 2 公共政策と社会科学

大学ではしばしば異なる学部・学科として位置づけられる法学・政治学・経済学だが、公共政策の実務においては、三位一体の知見として必要とされる。人々の行動変容の手法については、交換を研究する経済学の知見が基礎となる。それをルールとして規定する際には、明確な判断基準を示す法学の知見が必要となる。そして、合意を形成するには、社会的な決定について研究する政治学の知見が求められる。さらに、社会の課題を発見するには、社会を多面的に考察する社会学の知見が活用されている。つまり、自治体職員をはじめとする公共政策の実務家には、社会科学を総合的に身につけておくことが求められる。

近年では、本文で示したとおり、行動科学の知見も重要になっている。2017年のノーベル経済学賞は、シカゴ大学教授のリチャード・セイラーに与えられた。セイラーは、心理学をベースとする行動科学と経済学を結びつけ、従来の経済学の大前提となっていた「合理的経済人」の妥当性に根本的な疑問を投げかけた。合理的経済人とは、常に自己利益を最大化しようと行動・選択するという人間像である。

公共政策の分野では、実務と研究の双方で、行動科学の知見を取り入れることが急速に広まっている。日本政府もその例外でなく、環境省を事務局とする「日本版ナッジ・ユニット」を設けている。「行動科学や統計学、政策形成、ビジネスモデル、コミュニティー・オーガナイジング等の必要な学問領域について修士課程や博士課程で訓練の積んだスタッフや外部有識者等の協力の下、実施」しているという。

しかし、社会科学を全般的に学び、公共政策の知見を日々磨いている実務家は多くないだろう。目の前の業務に忙殺されている人がほとんどではなかろうか。そこで、公共政策の力を高める最初の一冊として、秋吉貴雄『入門 公共政策学』（中央公論新社）をお勧めしたい。読みやすい新書でありながら、研究と実務の両面から公共政策を解説している。

義務が課されている。県は、建築事業者に対して評価ツールの提供を行い、事業者団体を通じて建築技術の講習等を行った。建築事業者からすれば、エネルギー性能を高めることで、売上（受注額）を増やせるため、努力義務であっても説明するインセンティブが生じる。

導入に際しては、企画の場と合意形成の場を分けるとともに、ステークホルダーへの丁寧な説明を重ねた。県による評価ツールの提供や技術講習等の実施は、小規模な事業者への配慮として、合意形成を通じて必要性が明らかとなったものである。条例改正案は、議会の全会一致で可決された。

③　再生可能エネルギー条例（ニセコ町）

ニセコ町は、2021年3月に「再生可能エネルギーの適正な促進に関する条例」を制定した。これは町への事前届出や住民説明会の実施等の合意形成手続を定めるとともに、住民による地域と調和した再生可能エネルギー事業を認定・支援する手続を定めている。再生可能エネルギーに関するトラブルを未然に防止する一方、コベネフィットを備えた事業を促すことで、脱炭素化と地域振興を図る狙いである。同様の条例は、長野県木曽町や岩手県雫石町等も定めている。

小規模な自治体においても、条例は脱炭素化において有効な手法である。長期的な合意形成としての条例に加え、行動変容を促す地域ルールとしての条例も積極的に検討することが望ましい。

サマリー

脱炭素条例を策定する意義の第一は、長期にわたる強固な住民の合意を形成することにある。第二は、住民の行動変容を促すルールを定めることにある。条例の最大のメリットは、相対的な費用対効果の高さにある。条例によって行動変容を促す手法は、規制、価格、情報の三つである。条例の実効性を確保するためには、ステークホルダーとの合意や行動科学の活用が重要となる。

Questions

- □ **問題1**　自治体として脱炭素化の意思を示す方法について説明しなさい。
- □ **問題2**　法令・条例によって行動変容を促す方法について説明しなさい。
- □ **問題3**　政策立案者が利用できる行動科学的手段について説明しなさい。

セクション 3

脱炭素まちづくり

Keywords
スプロール化、市場の失敗、ショートウェイシティ、限定合理性、熟議民主主義

※1 自治体の役割

① 自治体にしかできないことをやる

脱炭素化は、普及啓発を中心とした従来の地球温暖化対策をどれだけ強化しても、永遠に実現できない。化石資源の利用を前提として様々な社会システムが構築されているため、社会システムの変更に踏み込まない限り、脱炭素化に至らないからである。

そのため、脱炭素化における自治体の主たる役割は、地域の社会システムを変更することとなる。一般的には、都市計画、上下水道、廃棄物処理、医療、福祉、教育、防災等がそうした社会システムに当たる。

条例を制定したり、資源配分を変更したりして、人々の行動を変容させることも、自治体だからできることである。例えば、適切な自転車利用の条例を定め、自動車向けの道路から自転車道の整備に予算配分の重点を変更すれば、自動車から自転車へと移動手段の変容を促すことになる。

② 地域全体の土地利用を調整する

日本の多くの地域は、高度経済成長期のスプロール化（Urban Sprawl）とモータリゼーションによって形成された。スプロール化とは、市街地が無秩序的に拡大する現象のことである。農山村から都市に人口が大量移動し、それに伴って農地・森林が市街地に転換された。東京や大阪等の大都市においては、市街地が自治体の境界を越えて広がり、半径50km規模の巨大な都市圏が形成されて過密に悩まされる一方、農山村では過疎に悩まされてきた。

高度経済成長期から現代に至るまで、日本社会はそうした変化に伴う様々な

課題や不都合を化石資源の大量使用で補ってきた。例えば、大都市では、断熱性や遮音性、長寿命性を犠牲にすることで、ビル・住宅を短い期間で大量に建ててきた。多くの地方都市では、市街地が薄い密度で急速に拡大する一方、主たる移動手段を自動車とすることで、住民の利便性を確保してきた。過疎化の進む農山村でも、自動車が生活に不可欠となった。

これは、地域の脱炭素化に際して、土地利用の根本的な見直しの必要性を意味する。住民生活や地域経済は、あらゆる面で土地利用の影響を受けており、土地利用を無視して脱炭素化を進めることは困難である。

そして、地域の土地利用を計画し、調整できる主体は自治体しかない。その権限は、建築基準法、都市計画法、農業振興地域の整備に関する法律（農振法)、森林法、自然公園法等と国の複数の法令によって規定され、法令の重複エリアや無対象（白地）エリアが存在し、さらに都道府県と市区町村に分散的なかたちで権限付与されている。そのため、都道府県であっても市区町村であっても、不十分な調整権限しかなく、法令に抵触しない条例を制定することは容易でないが、調整できる主体も他にない。

③　人口減少対策と脱炭素化を両立させる

人口減少は、自治体の介入がなければ、虫食い状に進むため、人口密度を低下させる。それは、上下水道や道路等のインフラの効率を低下させ、生活と経済の基盤を脅かす。さらに、多くのインフラが1970年代前後に整備されており、それらの老朽化も課題になっている。

土地利用のあり方を変えないまま人口減少が進めば、ますます化石資源を必要とする地域になる。空き家等の中心市街地の資産が活用されない一方、郊外で住宅が新築される。公共交通の採算性はさらに低下し、自動車への依存が深まる。インフラの維持・更新に投ずる費用と資源も大きくなる。

つまり、人口増加と化石資源の使用を前提とする土地利用のあり方を変更し、人口減少と脱炭素化を新たな前提とすることは、住民生活と地域経済を将来にわたって持続させることを意味する。

※2　ショートウェイシティ

①　まちづくりの基本を知る

まちづくりとは、地域の土地利用について、合意を形成し、実行することである。土地利用を計画的に行うのは、資源の効率的な利用と人々の多様なニーズを整合させるためである。まちづくりを市場に大きく委ねると、自然環境のように価格に反映されにくい資源が損なわれ、経済的価値の低いニーズが反映されず、結果的に両者を整合できない。まちづくりは、こうした市場の失敗（Market Failure）が起きやすい分野である。

計画においてもっとも重要な点は、適切な人口密度を設定することにある。それも、自治体の区域全域でなく、街区や集落単位で設定する。昼間人口と夜間人口それぞれで設定し、できる限り両者の値を近づけることが望ましい。世代別の人口構成も設定する。

人口密度を設定することが、住民生活と地域経済を長期的に安定させる基盤となる。学校や病院等の公共施設の規模、公共交通の種類と路線、インフラの配置、住宅の必要量、オフィス・商業施設の立地等を決めることで、資源の効率的な利用と多様なニーズの反映を両立できる。例えば、実際に東京都心部等で発生してきたように、地価高騰で住宅が減少し、学校を閉鎖したり、タワーマンション建設で子育て世帯が流入し、学校を新設したりすることが避けられる。土地利用とインフラ整備は、ニーズの変化に即応しにくいため、計画的な土地利用と人口密度の設定を通じて、インフラに合わせてニーズを安定化させるのである。

②　環境と生活の価値を高める

人口密度の設定に際しては、人々の移動に着目することで、生活・経済の価値と環境の価値を同時に高められる。ドイツでは、この考え方をショートウェイシティ（Stadt der kurzen Wege：移動距離の短いまち）という。これは、市街地とその外を線引きし、中心市街地の再開発等で人を呼び込み、近隣を公共交通でつなぐという、日本のコンパクトシティ概念とは似て非なるものである。

ショートウェイシティは、住民の近距離移動の可能性を高めるよう、店舗、オフィス、公共施設等の住民サービス施設を住宅エリアに織り込む考え方であ

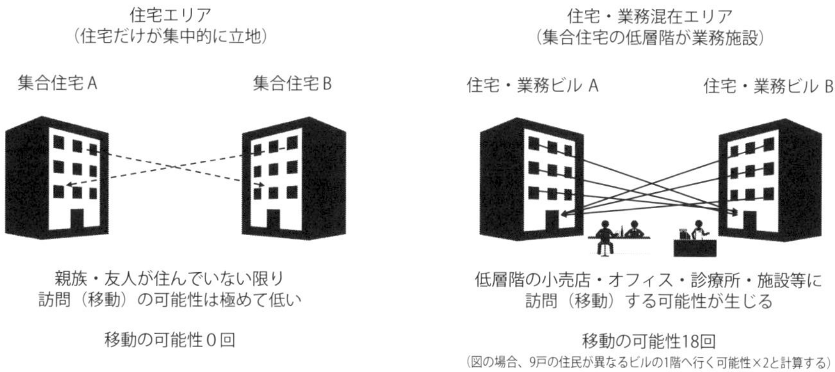
住宅エリア
（住宅だけが集中的に立地）
集合住宅A
集合住宅B
親族・友人が住んでいない限り
訪問（移動）の可能性は極めて低い
移動の可能性0回
住宅・業務混在エリア
（集合住宅の低層階が業務施設）
住宅・業務ビルA
住宅・業務ビルB
低層階の小売店・オフィス・診療所・施設等に
訪問（移動）する可能性が生じる
移動の可能性18回
（図の場合、9戸の住民が異なるビルの1階へ行く可能性×2と計算する）

図2　ショートウェイシティの概念図
（出典：村上敦『ドイツのコンパクトシティはなぜ成功するのか』に基づき筆者作成）

る。ドイツでは、市街地の厳密な線引きは義務化されているため、それは大前提となる。その上で、**図2**のように住宅から業務施設（住民サービス施設）への近距離移動の可能性を高めるように土地利用を計画する。

近距離移動の可能性を高めることは、移動手段の多様化と住宅等の資産価値の増加をもたらす。移動手段の多様化とは、徒歩・自転車・公共交通の利用促進を意味する。人々は、移動距離が短くなるほど、自動車以外の手段を自ずと使うようになるからである。また、資産価値の増加とは、建物のエネルギー性能の向上と長寿命化を意味する。資産価値が増加するのであれば、性能向上や長寿命化への投資は見合うものとなるからである。建物は、丁寧に維持管理し、性能を近代化すれば、木造であっても複数世代にわたって使うことができる。

つまり、ショートウェイシティのまちづくりは、環境負荷の低い移動手段への転換と資源の効率的な利用を促すことで、生活・経済の価値と環境の価値を同時に高め、脱炭素化の基盤となる。

③　合意形成と公共施設の立地から始める

自治体にとって大きな課題は、ショートウェイシティをドイツと同様に実施することが極めて困難な点にある。土地利用に関する法令が十分に対応していないためである。

そこで、自治体としては、ショートウェイシティの考え方を踏まえて、住民の合意形成と公共施設の再配置を行うことが望ましい。あわせて国に対し、法令の整備と権限の委譲を求めることも重要である。土地利用のあり方を自治体で決めることは、住民自治の基本でもある。

3　合意形成の方法

①　「苦い現実」を共有する

多くの人々は、地域の将来に関する議論に十分な準備なく参加すると、しばしば非合理的な判断を下す。将来に関する事実について、断片的な知識しか有さず、現状を基準と見なす等の限定合理性（Bounded Rationality）を有するからである。自治体が合意形成に臨む際、まずそれらを適切に補う必要がある。

よって、地域の将来に関する多面的な事実から導き出される論理的な分析が、住民を含む広範な合意形成の基盤となる。脱炭素化というテーマであっても、気候変動の影響等の環境分野に限らず、人口、経済、産業、生活、インフラ、財政等の地域に関する多面的な事実（過去から現在に至るデータと将来推計）と、そこから抽出した分析（意味合い）を示す。人口減少と経済成熟が一般的となった現在、それらの事実・分析は、多くの人々にとって認めがたい「苦い現実」となるだろう。

議論の前提となる「苦い現実」を共有することが、困難な合意形成の第一歩となる。現状変更を伴う政策であっても、その損失を上回る便益を理解できるからである。一方、これを十分に行わないまま脱炭素化の提案を行っても、多くの人々にとって必要性を十分に理解できず、現状を変更する政策への合意を得ることは難しい。これに関連して、熟議民主主義（Deliberative Democracy）の手法に基づく「気候市民会議」が2020年に札幌市で開催された。同様の「気候市民会議」は世界各地で開催され、合意形成の有効な手法となっている。

②　インフラを議論の切り口にする

脱炭素化を議論する場合、地域の切実な課題とリンクさせることが望ましい。多くの地域では、人口減少と経済の低成長が課題となっており、それらの課題よりも脱炭素化を優先させることは理解されがたい。また、現状の地域構造は、化石資源の利用を前提としており、それを温存したまま脱炭素化を進めても、効果は見込みにくい。

そこで、脱炭素化をこれから始める地域においては、インフラの議論から始めることが望ましい。インフラには、上下水道や道路、自治体庁舎、学校等の公共事業で整備するものから、病院や福祉施設、公共交通、廃棄物収集等の住民サービスまで、幅広く含まれる。これらは、人口減少によって一人当たりの負担が増加し、新規整備や維持管理が困難となる一方、住民の働く場であり、資金を域内循環させて、地域経済の基盤を形成している。

人口減少を前提としてインフラのあり方を議論することは、地域の脱炭素化に直結する。人口減少の中で長期にわたってインフラを維持するには、それらの効率性を高めなければならない。そうしなければ質の劣化が避けられず、住民や企業の流出を招いてしまう。また、インフラは、地域全体のエネルギー消費のあり方を規定し、その整備や運用を通じて多くのエネルギーを消費している。例えば、自治体、インフラ事業者、経済団体、金融機関、住民団体、環境団体、専門家等のステークホルダーで協議会を設け、住民に広く開かれたオープンな議論を行うことが考えられる。

③　総論の合意と小さな現実の変化を目指す

「苦い現実」の共有とオープンな議論を重ねることで、たいていのステークホルダーの間では、総論の合意に至ることができる。少なくとも、総論への理解を得られるだろう。

しかし、各論についての全面的な合意を得ることは容易でない。インフラのように、多くの人々の利害関係が錯綜する課題ほど、現状変更を伴う各論の合意は困難となる。

そこで、脱炭素化の方向性が明確で、合意の得やすい小さな各論を選び、まずは実現を目指す。多くの地域では、これまでの人口増加期に困難な合意形成を迫られず、その経験に乏しい。小さくても困難な合意形成と正しい方向での実現の経験が、より大きな規模での合意形成と変革を可能とする。

※4　自治体の役割と合意形成の事例

①　長野県の事例

長野県ゼロカーボン戦略の起点は、知事の選挙公約にある。2010年に当選した知事は、当時の公約に地域エネルギー計画の策定と地球温暖化対策の強化を掲げていた。それを受け、長野県は地球温暖化対策で、行政として担うべき役割を再検討し、2013年にゼロカーボン戦略の前身となる「長野県環境エネルギー戦略」を策定した。それは、企業のエネルギー効率化、建物の断熱化、地域主導型再生可能エネルギー事業の促進を柱とし、条例でそれらを制度化した。

一般的な地球温暖化対策から、コベネフィットの考え方を全面的に取り入れるように変化したきっかけは、2016年の「地方創生総合戦略」の策定にある。

BOX 3　移動の権利

人々が移動する権利は、基本的人権である。本章はこの認識に立って書かれている。脱炭素化に有効であっても、人々の移動を抑制することはまったく想定していない。人々が自由に移動することを前提としつつ、移動手段を自動車だけとしない地域を目指す視点である。

移動の権利は、日本でそれほど馴染みあるわけでないが、欧州では広く基本的人権として認識されている。そのため、欧州の公共交通には「公共サービス義務（PSO: Public Service Obligation）」が定められ、国・自治体が公共交通への責任を負っている。欧州連合（EU）の前身である欧州経済共同体（EEC）は、1969年に公共サービス義務に該当する公共交通について、構成国に資金的な支援を義務づけた。またドイツでは、公共交通を福祉サービスと同等とみなす考え方が1930年代からあり、行政による支援の背景となってきた。

日本でも遅ればせながら、2013年に成立した交通政策基本法によって、移動の権利が実質的に定められた。同法第2条は「国民等の交通に対する基本的な需要が適切に充足されることが重要」と「基本的認識」を規定している。

同法は、徒歩と自転車を「交通手段」として位置づけた点でも重要である。そして「交通に関する施策の推進は」「交通手段の選択に係る競争及び国民等の自由な選好を踏まえつつそれぞれの特性に応じて適切に役割を分担し、かつ、有機的かつ効率的に連携」すべきことを規定し、従来の自動車中心の交通政策・まちづくりの転換をうたっている。

策定作業を通じて、地域の将来に関する「苦い現実」（多面的な事実と分析）が、知事や幹部職員を含む全庁で共有された。

2018年に策定された総合計画では、地球温暖化対策の重要性と地域課題を解決する手法としての有効性が示され、ゼロカーボン戦略の前提となった。総論・各論について、総合計画で一定の合意形成を経ていたため、ゼロカーボン戦略の策定段階では施策の具体化に作業を集中できた。

② 長野県議会の事例

長野県議会が2020年に制定した「長野県脱炭素社会づくり条例」は、住民総意として脱炭素目標を定め、従来の地球温暖化対策にとどまらない多面的な施策の促進を定めた。地域ルールとしては、既に「長野県地球温暖化対策条例」が制定されており、それに欠けていた住民総意を加えたかたちになっている。

制定のきっかけは、国際会議である。2019年に長野県で開催された「G20（主要先進国・新興国グループ）持続可能な成長のためのエネルギー転換と地球環境に関する関係閣僚会合」をきっかけに、地球温暖化対策への県民の関心が高まり、住民の総意に発展させるべく、議会が検討を始めた。

そして、気候変動の影響と見られる自然災害で、制定が決定的となった。同年に長野県で発生した千曲川水害は、気候変動の影響が深刻との認識を広げ、議会の条例制定を後押しした。県民の総意が条例として示されたことで、行政を含むステークホルダー間の合意形成がさらに促進され、困難な課題への取り組みを後押ししている。

③ ニセコ町の事例

ニセコ町は、観光需要の高まりによる人口増加圧力に対し、地球温暖化対策の目標と整合させるため、環境負荷の低い街区を開発している。ニセコ町は、この「NISEKO生活・モデル地区構築事業」と他の地球温暖化対策を総合して、2018年に国からSDGs未来都市に認定された。開発事業は、適度な人口密度、エネルギー効率の高い建物、再生可能エネルギーの活用、景観への配慮等を基本コンセプトにしている。

開発事業は、市街中心部から徒歩圏内にある町有地に、集合住宅を建設する。最終的に、約140戸を建設し、約420人の居住を想定している。エネルギー性能の高い住宅を整備し、消費エネルギーによる一人当たり温室効果ガス排出量を半減させる。ショートウェイシティの考え方を導入し、住宅前に駐車場を設けるのでなく、少し離れた場所に集合駐車場を設け、自動車以外の移動手段を促す。

事業主体は、町と住民有志、専門家団体で設立した「株式会社ニセコまち」である。この会社は、事業の主体となることに加え、地域の脱炭素化に資する事業の展開を予定している。一般的な開発事業と異なり、脱炭素化やコミュニティの形成等の公益を重視し、公益と事業採算性の両立を図っている。そのため、構想段階から協議会を設け、住民との合意形成を重ねている。

サマリー

地域を脱炭素化するためには、化石資源の使用を前提とした土地利用を根本的に見直さなければならない。適切な人口密度を設定し、住民生活と地域経済の長期的な基盤を形成する。人々の移動に着目し、生活・経済の価値と環境の価値を同時に高めるショートウェイシティの考え方が参考になる。広範な合意形成の基盤として、苦い現実を共有することが重要となる。

Questions

- □ **問題 1** 土地利用を規定する法令について説明しなさい。
- □ **問題 2** まちづくりにおいて市場の失敗が発生しやすい理由を説明しなさい。
- □ **問題 3** ショートウェイシティについて説明しなさい。

セクション 4

拠点の形成

Keywords
熱橋、ライフサイクルCO_2、外皮平均熱貫流率、コジェネレーション、PDCA

※1　公共施設から始める

①　公共施設の脱炭素化が急務になっている

すべての自治体において、最初に行うべき脱炭素化の施策は、公共施設の脱炭素化である。公共施設には、自治体の庁舎、ホール、学校、体育館、公営住宅、上下水道施設、廃棄物処理施設、病院、その他の多様な建物・設備が含まれる。

公共施設の脱炭素化を優先すべき主な理由は、次のとおりである。①自治体には地域の脱炭素化を先導する責務がある。②自治体は多くの場合、その地域内で最大級の排出事業者である。③高度経済成長期に整備された多くの公共施設が更新期を迎えている。④施設供用期間のトータルコストを最小化できる。⑤脱炭素化のショーケースとすることで住民の理解を促す。

実際、欧州連合は、2019年から公共施設の新築に際して、高いレベルでのエネルギー消費効率を義務づけている。「建物のエネルギー性能に関する2010年5月19日の欧州連合指令」は、新築公共施設の躯体のエネルギー消費効率を最小化（高断熱・高気密化）することを求めている。2021年からは民間のビル等も対象となっている。

②　正しい方向の成功体験を重ねる

温対法は、すべての自治体に対して、その事務・事業に関する温室効果ガス排出量の把握とそれを削減するための計画（事務事業編）策定を義務づけている。環境省によると2020年10月現在、全自治体のうち約65％がこれを策定している。

温室効果ガス排出量の把握は脱炭素化の前提となるため、自治体の施設は脱炭素化に取り組みやすい状況にある。一方、この計画に基づく従来の取り組みは、こまめな消灯やコピー枚数の抑制等に代表される、職員意識の啓発を主体としてきた。先進的とされる施策であっても、施設屋上への太陽光発電パネルの設置や高効率照明・設備の導入にとどまってきた。そのため、排出量の多少の抑制はできても、脱炭素化には程遠いものであった。

地域の脱炭素化を進めるためには、自治体が主導して、正しい方向の成功体験を積み重ねる必要がある。正しい方向とは、国内外を問わず普遍的に通用する考え方と手順に則ることである。小さくても正しい方向の成功体験は、知見と確信を地域に広げ、次のより意欲的な挑戦を可能とする。

③　ステークホルダーを巻き込む

公共施設の脱炭素化といっても、自治体内部、それも整備に関わる一部の技術系職員に限定して進めるのではなく、広範なステークホルダーの参画を得ることが望ましい。自治体の首長や議員、事務系職員はもちろんのこと、大学等の専門家、地域の建築士、建設会社、設備会社等の事業者、金融機関、住民等が参画するプロセスを予めデザインすることにより、一つの公共施設の脱炭素化であっても、知見が広く波及する。

まず計画段階で、脱炭素化する公共施設の立地と機能について、ステークホルダーの参画と合意形成を行う。温室効果ガス排出量を極限まで抑制したとしても、その施設を誰も使わなかったり、短期間で取り壊したりしては、排出量は純増となってしまう。100年単位の長期にわたって、高い稼働率で使われる施設は、住民が得る便益に対して排出量を大幅に抑制できる。そのためには、広範なステークホルダーの合意が必要となる。

次に整備段階で、地域の建設事業者や施設を利用するスタッフ、住民等の学習を行う。脱炭素化される公共施設の整備手法や技術、適切な使い方を学ぶ。とりわけ、建設中の建物を見学し、従来の建物との違いを理解する機会とすることが望ましい。

※2　脱炭素施設のつくり方

①　長寿命化と形状を考慮する

公共施設の立地と機能について合意を形成した後は、自治体内部での専門的な検討が始まる。この際も、普遍的に通用する考え方と手順に則らなければ、公共施設を脱炭素化できない。

まず、100年単位の長期にわたる供用期間を決め、物理的にそれを可能とする。多くの公共施設は鉄筋コンクリートで造られるため、コンクリートの劣化を防ぐことが必須となる。コンクリートは二酸化炭素に触れると次第に中性化し、それが鉄筋に達すると、構造的にもろくなる。それを防ぐには、表面を塗膜等ですき間なく覆うことが適当である。外壁を断熱材で覆えば、中性化に加え、温度変化の影響を抑制できるため、最大限に長寿命化できる。

建物の形状は、できる限りシンプルな立方体に近づけ、突起やへこみを最小限にする。建物の体積（空間）を最大化する一方、表面積を最小化することで、放熱を抑制できる。また、足場の構築を効率化できるため、建築費や維持管理費を抑えられる。

②　エネルギー性能は順番どおりに検討する

公共施設の立地、機能、寿命、形状を決めてから、室内環境の維持に要するエネルギー消費のあり方を検討する。いったん次の順番に沿って、最高レベルの設計・設備にするとの仮定（おそらく予算額を上回る）を積み上げてから、逆の順番に沿って、予算額に至るまで、設計・設備を引いていく。

①断熱性：壁の断熱材を厚くし、開口部（窓や扉等）の断熱性を最高にし、外からの熱橋（Heat Bridge）をなくす。

②気密性：すべての開口部を閉じた場合の外気の侵入を最小化する。

③日射：外付ブラインド等で夏季の日射を窓の外で防ぎ、冬季の日射を最大限に取り入れる。

④換気：熱交換換気システムで、換気に伴う室温の変化を最小化する。

⑤通風：開口部を開けた場合の風の通り道を確保する。

⑥エネルギー消費設備：高効率設備を導入する一方、①～④を前提として設備規模を最小化する。

⑦再生可能エネルギー熱：温熱の供給源を太陽熱利用システムや地中熱ヒー

トポンプ等とする。

⑧再生可能エネルギー電力：太陽光発電パネルを最大化。自給と売電はメリットの大きさでどちらかを選択。

③　トータルコストを最小化する

これまで説明した手順に従って、建築から供用、撤去に至るまでのトータルコストを最小化することは、公共施設の便益を高める一方、温室効果ガス排出量を大幅に抑制する。すなわち、便益に対するライフサイクルCO_2（Life-Cycle CO_2）の効率を最大化する。

留意すべきは、建物の撤去される理由の多くが、用途に適合しないことにある。建物に求められる用途は時代によって変わるため、建替えの費用よりも改修・維持の費用の方が高ければ、物理的に使える状態であっても撤去されてしまう。それを防ぐには、立地と機能を慎重に検討した上で、スケルトン構造等で空間的な応用性を確保しておかなければならない。

ZEB（ゼロ・エネルギー・ビル）の概念についても留意すべきである。ZEBは、大きく二つのタイプに分かれる。一つは、これまでの説明どおり、躯体の性能を最高レベルとし、設備の規模を最小限とするZEBである。もう一つのZEBは、躯体の性能を標準レベルとし、高効率のエネルギー消費設備と再生可能エネルギー設備を多数導入するZEBである。後者は、10～20年の頻度で生じる設備更新時期に、多額の設備更新費用がかかり、トータルコストと温室効果ガス排出量を増加させる。公共施設のトータルコストで見れば、建設費は4分の1程度を占めるに過ぎない。

また、あらゆる建物・設備には、メンテナンス費用がかかる。財政難に陥ると、自治体はしばしば公共施設のメンテナンスを先送りしたり、費用を削減したりする。だが、それは自治体の資産を長期的に毀損し、結果的に財政負担を軽減しない。

3　ニセコ町と北栄町の事例

① ニセコ町庁舎

2021年3月に竣工したニセコ町の庁舎は、公共施設における脱炭素化に向けた正しい方向の事例である。旧庁舎は、1967年に鉄筋コンクリート造で建設されたが、老朽化で防災拠点としての役割が果たせないと判明したため、地上３階・地下１階の鉄筋コンクリート造の新庁舎を建設した。建設費は約18億６千万円である。

庁舎整備を環境モデル都市アクションプランに位置づけ、脱炭素化の中核的な事業とした。断熱性を最重視し、三層木製サッシの導入や吹き抜けの廃止等によって、公共施設として国内最高レベルのエネルギー性能（躯体断熱性を示す外皮平均熱貫流率（UA値）0.18W/㎡・k）を確保した。主たるエネルギー源については、LPG（液化石油ガス）によるコジェネレーション（Cogeneration）を導入し、災害時のエネルギー確保と地球温暖化対策を両立させた。コジェネレーションは、電気と同時に熱を生み出すためエネルギー効率が高い。また、LPGの温室効果ガス排出原単位は、石油を１としたときに0.86となり、相対的に低い。将来的には、エネルギーシステムをそのままに、エネルギー源をLPGから再生可能エネルギー由来に切り替える予定としている。

副次的な効果として、町職員の労働環境が大幅に改善した。旧庁舎は、冬季の平均気温が－５℃となる地域でありながら、単板ガラスのアルミサッシ窓で、断熱性に欠けていた。町職員は、地球温暖化対策を理由として暖房を節約していたため、寒さに耐えながらの執務を余儀なくされていた。

整備に際しては、ステークホルダーとの合意形成も重視された。ニセコ町は基本設計段階の一年間で、住民や専門家等による公開の検討委員会と作業部会を17回、議会との協議を８回、誰でも自由参加できる住民との意見交換を４回、パブリックコメントを１回開催した。実施設計段階や建設段階においても、住民との意見交換や進捗状況の報告が行われた。ニセコ町は全国で最初の自治基本条例となった「まちづくり基本条例」を定め、厳密な公文書管理と全面的な情報公開を確保しており、庁舎整備も例外でなかった。

②　北栄町公共施設あり方検討

北栄町は、二つの町が合併した自治体で、過剰な公共施設の維持管理と老朽化に悩まされてきた。大半の市街がコンパクトにまとまり、約１万４千人の人口規模で、2040年頃には１万１千人程度まで人口減少すると予測されている。一方、合併前に整備した公共施設がそのまま維持されており、多くが築30年を超え、築50年を超える施設もある。

こうした現状に対し、北栄町は脱炭素化の手法を用いて、住民の便益確保と公共施設の縮減を両立させることとした。「北栄町公共施設個別施設計画（第1期）」は「人口減少・少子高齢化が加速する中、限られた財源で町民ニーズに対応した公共サービスを将来にわたって提供する」「方針と気候非常事態宣言に基づき全町でのゼロカーボンをめざして、個別施設ごとの方向性を検討し、持続可能で効率的な管理運営を行うため策定」したと明記している。

具体的には、2060年までの長期にわたって維持する施設とそれ以外を仕分けし、維持施設に機能を集約して、長寿命化とエネルギー性能向上等の大規模改修を施す。また、個別施設ごとに方針を整理し、エネルギー消費量の大きな施設から優先的に改修する。施設ごとに、改修する場合のエネルギー費用の削減額と温室効果ガスの削減効果も試算し、合意形成の基盤としている。

建替えや新築が必要な施設については、長寿命化と高いエネルギー効率を要件としている。「長期利用を見据えた躯体構造を検討」し、一次エネルギー消費量を国の省エネルギー基準から「50％以上削減」することで、温室効果ガス排出量を抑制するとしている。

4　千葉商科大学の事例

①　自然エネルギー100％大学

地域の脱炭素化を進める際には、建物に着目するだけでなく、一定のサイトやエリアに資源と施策を集中して、拠点を形成する方法もある。拠点形成は、建物単体を脱炭素化する以上の難しさがある一方、地域の生活や経済等へのより大きな波及効果を期待できる。国・地方脱炭素実現会議は**表6**のとおり、脱炭素拠点のあり方を類型化している。

脱炭素拠点の先進事例としては、千葉商科大学（千葉県市川市）の「自然エネルギー100％大学」プロジェクトがある。同大学は、2018年2月から2019年1月までの一年間で消費した電力量と、同時期に大学サイト内で生産した再生可能エネルギー電力量を比較して、後者が101％と上回った。これは、同大学の環境目標を達成するもので、組織的な取り組みの結果であった。その後、同大学は新型コロナウイルスの影響を考慮して環境目標を上方修正し、すべてのエネルギー消費量と大学サイト内の再生可能エネルギー生産量を比較し、2023

表6　脱炭素拠点の類型

住生活エリア	住宅街・団地（戸建て中心）
	住宅街・団地（集合住宅中心）
ビジネス・商業エリア	地方の小規模市町村等の中心市街地（町村役場・商店街等）
	大都市の中心部の市街地（商店街・商業施設、オフィス街・業務ビル）
	大学キャンパス等の特定サイト
自然エリア	農山村（農地・森林を含む農林業が営まれるエリア）
	漁村（漁業操業区域や漁港を含む漁業が営まれるエリア）
	離島
	観光エリア・国立公園（ゼロカーボンパーク）
施設群	公的施設等のエネルギー管理を一元化することが合理的な施設群（点在する場合を含む）

（出典：国・地方脱炭素実現会議「地域脱炭素ロードマップ」）

年度までに同量とする目標を立てている。

このように、大学を脱炭素拠点とする動きは国内外で生まれている。国内には大きく２つあり、国の呼びかけで結成された「カーボンニュートラル達成に貢献する大学等コアリション」と、千葉商科大学等の学長有志で結成された「自然エネルギー大学リーグ」である。国際社会では、国連気候変動枠組条約事務局（UNFCCC）による「Race To Zero Campaign」の大学部門がある。

②　実現への道

千葉商科大学の取り組みの背景には、長期にわたる活動の蓄積がある。最初の組織的な環境活動は、2001年度の学生有志によるISO14001（環境マネジメント国際規格）認証取得学生委員会の発足からである。同大学は、2003年度に千葉県内で初めて認証を取得し、2007年度に大学からの温室効果ガス排出量を2010年度までに1990年比10％削減するとの目標を決定した。

取り組みが加速したのは、2014年度の大規模な太陽光発電設備の稼働からである。遊休化していた敷地（グラウンド跡地）に2.45MWの太陽光発電パネルを設置し、固定価格買取制度に基づく売電を開始した。翌2015年度に、同設備の生み出す電力量が大学で消費する電力量の77％に相当することが判明し、大学内での本格的な検討が始まった。2017年度には、検討の結果を受けて、生産する電力量と消費する電力量を同量にする環境目標を、大学として決定した。

2019年8月からは、すべての電力を再生可能エネルギーから調達し、電力面で「自然エネルギー100％大学」を実現した。大学サイトで生み出した電力は**図3**のとおり、いったん送電事業者に売電した後、小売電気事業者を通じて非化石証書とセットで買い戻し、大学に供給している。同時同量を確保するための調整については、小売電気事業者が余剰分を買い取ると同時に、不足分を外部から調達した再生可能エネルギー電力で供給している。

実現に際しては、PDCAによるエネルギー効率化と生産増を重ねてきた。学長が代表取締役を務めるエネルギー会社を立ち上げ、設備投資に要する費用を大学の財務から切り離し、エネルギーマネジメントシステムの導入、LED照明への一斉切り替え、太陽光発電パネルの増設等を実施した。状況とデータは、

BOX 4　デザイン嗜好

高度経済成長期は、農山村から都市部への大規模な人口移動が発生したため、多くの公共施設が急場を間に合わせるように造られた。デザインの多くはシンプルな箱型で、財政的な余裕がなかったこともあり、使い勝手の良さ、長寿命性、エネルギー性能などは後回しにされた。1980年くらいになると、それまでの反省からか、デザイン性豊かな公共施設が各地に造られた。国内外の有名建築を真似た公立学校をいくつも建て、話題になった自治体もあった。近年では、よりデザイン性（芸術性といってもいいだろう）の高いコンクリート打ち放し・ガラス張りの公共施設が一般的になってきた。

しかし、一般的には、デザイン性の豊かさと、使い勝手の良さ・長寿命性・エネルギー性能は、トレードオフ（相反）関係にある。凹凸の多いデザインの建物は、空間の用途が限られ、使い勝手に優れているとはいえない。コンクリート打ち放しの建物は、相対的にコンクリートの劣化が進みやすく、長寿命性に優れているとはいえない。ガラス張りの建物は、断熱の確保と日射コントロールが相対的に難しく、エネルギー性能に優れているとはいえない。

公共施設を新たに建てる場合、しばしば機能の充実やトータルコストの抑制よりも、デザイン性の高さやイニシャルコスト（建設予算）の抑制が重視されやすい。新築する公共施設を脱炭素化するには、こうした従来の発想を切り替えなければならない。

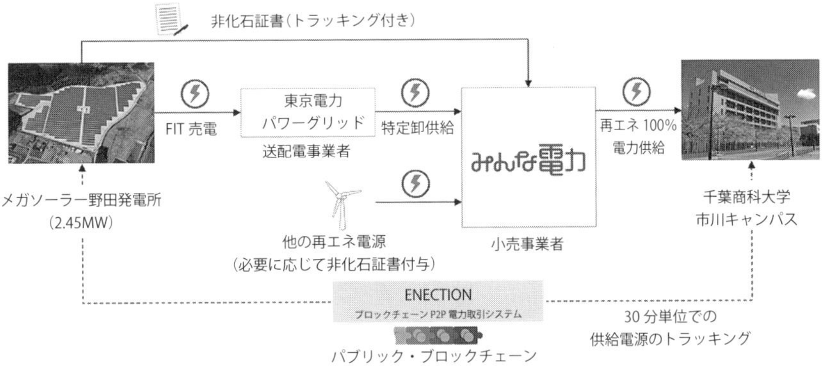

図３　千葉商科大学の仕組み

（出典：千葉商科大学ホームページ）

市川キャンパスから離れた場所にあるメガソーラー野田発電所で発電した電気は、固定価格買取制度に基づいて送配電事業者（東京電力パワーグリッド）に供給される。送配電事業者は、その電気を小売事業者（みんな電力）に特定卸供給する。小売電気事業者は、トラッキング付き非化石証書と自社のブロックチェーンＰ２Ｐ電力トレーサビリティシステムを用いて、その電気を市川キャンパスに供給する。市川キャンパスの需要が小さく、野田発電所の電気が余る場合は、小売事業者が他の需要家に供給する。市川キャンパスの需要が大きく、野田発電所の電気で足りない場合は、小売事業者が他の再生可能エネルギーを市川キャンパスに供給する。

学生を含む学内ステークホルダーに定期的に共有され、取り組みを改善させている。

この取り組みは、多面的なコベネフィットを生み出している。まず、エネルギーコストの削減による大学財務の改善である。次に、近隣大学への波及で、隣接する和洋女子大学と東京医科歯科大学の学長は自然エネルギー大学リーグの創設に参画した。第三に、学生への教育効果で、持続可能な社会に向けた学生による活動や学習が盛んになった。第四に、地域社会等のステークホルダーへの波及で、防災拠点としての機能強化になったことで、地域からの期待も高まっている。

サマリー

最初に行うべき脱炭素化の施策は、公共施設の脱炭素化である。自治体が主導して、ステークホルダーと共に、正しい方向の成功体験を積み重ねる必要がある。公共施設を脱炭素化するには、最初に立地と機能の合意を形成し、長寿命化と形状を考慮した後、エネルギー性能を検討する。正しい手順に従い、トータルコストを最小化すれば、施設の温室効果ガス排出量を大幅に抑制できる。

Questions

- □ **問題1**　公共施設の脱炭素化を優先すべき理由について説明しなさい。
- □ **問題2**　公共施設を脱炭素化するプロセスを説明しなさい。
- □ **問題3**　公共施設の脱炭素化において、ステークホルダーを巻き込むことの重要性を説明しなさい。

セクション 5

まとめ ― 真のPDCAを回す

Keywords
Plan、Do、Check、Action

脱炭素化に向けた地域の公共政策を企画することは、地域の課題を解決することと同義である。人口増加・経済成長・小さな環境制約という、これまでの公共政策の前提が、人口減少・経済成熟・大きな環境制約と真逆になった。そのため、地域の脱炭素化とは、社会システムを新しい前提で構築し直すことであり、必然的に多面的な効果を及ぼす。

それには、ステークホルダーの合意を形成しつつ、自治体の計画を策定し、条例等の地域ルールを変更して、長期的な視点から着実に進めることが求められる。住民等に意識の変化を求める従来の施策では、社会システムの変化を伴わないため、脱炭素化を実現できない。

一方、地域の全面的な脱炭素化に着手することは高いハードルとなるため、知見の乏しい自治体や小規模な自治体においては、公共施設から着手することが望ましい。一つの公共施設を脱炭素化する場合であっても、一定の知見と多様なステークホルダーとの合意形成が必要になる。その経験が、拠点形成や社会システムの変革に向けたステップとなる。

これら脱炭素化のすべての取り組みにおいて、自治体に共通して求められるのがPDCAを精度高く、高速に回す能力である。PDCAとは、Plan（計画）、Do（実行）、Check（評価）、Action（改善）というマネジメントの方法論である。計画だけでなく、組織運営、個人の業務運営に至るまで、官民を問わず、共通のマネジメント手法となっている。

しかし、ほぼすべての計画でPDCAは採用されているが、表面的な形式にとどまり、効果的に運用される例はほとんどない。それは、曖昧な内容の計画を策定し、計画に捉われない予算要求をして実行し、審議会等で思いつきの意見をもらい、前計画を踏襲して次の計画を策定するからである。しばしば「計画はつくって終わり」と自治体で自嘲気味に語られるのは、このことを象徴している。

重要なことは、PDCAの基本を理解して、忠実に実施することである。そうすれば、従来の経験と新たな知見を統合して、前例のない課題の解決に挑戦できる計画・組織となる。

第一に、精度の高いPlanを立案する。そのためには、現状を客観的にCheckし、従来の計画・施策が課題を解決できていない理由を明らかにし、その改善策を講じることから始める。その上で、課題の真因を徹底的に追求し、その意味合いを抽出する。それによって、自ずと解決策の方向性が見いだされ、現実的に実行可能な複数の案が導かれる。いずれの案を採用するのか、ステークホルダーで合意形成してから、解決策の実施設計を行う。

第二に、決定したPlanに従ってDoする。それには、十分に練られた精度の高いPlanが不可欠となる。曖昧なPlanでは、実施時の裁量が大きく、次のCheckに支障をきたす。また、Doに際しては、必ず不測の事態が発生するた

BOX 5 企業小説でPDCAを学ぶ

PDCAを回す能力を身につけるには、実践を積み重ねることがもっとも有効である。自らの業務をPDCAで回し、できれば組織や計画についても真のPDCAで回すことを積み重ねれば、自ずと精度は高まる。

けれども、自らの業務はまだしも、組織のPDCAを回すのは管理職になってからで、計画のPDCAを回すのは担当になってからとなる。行政計画のPDCAに至っては、5か年計画が多いため、ひと回しする前に異動となることも多い。自治体職員によっては、計画策定業務を公務員在職中に一度しか経験しないかもしれない。

そこで、企業小説でPDCAを疑似体験することをお勧めしたい。民間企業を舞台とする小説であっても、組織マネジメントや業務執行等で行政と共通する点は多く、無関係と軽視するのはもったいない。次の二冊は入手しやすい文庫本で、解説も挿入されているため、教科書としても使える。

稲田将人『戦略参謀』日本経済新聞出版社（2017年）

稲田将人『経営参謀』日本経済新聞出版社（2018年）

め、その都度、事態の真因を追求し、解決策を立案し、実行し、その結果を反映するミニPDCAを高速に回す必要がある。

第三に、Planでの見込みとDoの結果の差を明確にし、差が生じた真因を追求する。Planに従ってDoしたにもかかわらず、見込みと結果の間に差が生じることは、Planの見込み違いや不測の事態への不適切な対応があることを意味する。それを明確にすることがCheckであり、審議会等の第三者からの意見は、お手盛りCheckとならないよう、確認するために行う。

第四に、Checkで明らかになった真因の解決策を講じるとともに、Planの前提から根本的に見直して、次に取るべき方針を決めるのがActionである。Actionの結果、計画等を統廃合することもありうる。そして、次のPlanを検討する前提を整える。

地域の脱炭素化においては、計画のみならず、自治体の組織、担当者の業務の進め方のあらゆる点において、こうした真のPDCAを回すことが求められる。要するに、地域の脱炭素化では、自治体の基本的な力が徹底的に問われるのである。

サマリー

脱炭素化に向けた地域の公共政策を企画することは、地域の課題を解決することと同義である。脱炭素化の取り組みで、自治体に共通して求められるのがPDCAを精度高く、高速に回す能力である。PDCAの基本を理解して、忠実に実施することが求められる。

Questions

- □ **問題1**　Plan（計画）について説明しなさい。
- □ **問題2**　Do（実行）に際して留意すべきことを説明しなさい。
- □ **問題3**　Check（評価）とAction（改善）について説明しなさい。

＜参考文献＞

(1) 稲田将人「PDCAプロフェッショナル」東洋経済新報社（2016年）
(2) 稲田将人「PDCAマネジメント」日本経済新聞出版（2020年）
(3) 宇都宮浄人「地域公共交通の統合的政策」東洋経済新報社（2020年）
(4) 上森貞行「自治体の規模別公共施設マネジメント」学陽書房（2020年）
(5) 逢坂誠二・木佐茂男編「わたしたちのまちの憲法」日本経済評論社（2003年）
(6) 大島堅一編著「炭素排出ゼロ時代の地域分散型エネルギーシステム」日本評論社（2021年）
(7) 大野輝之「自治体のエネルギー戦略」岩波書店（2013年）
(8) 金田真聡“「ほぼゼロエネ」目指すEUの省エネ建築”日経クロステック（2016年）
(9) 経済協力開発機構編著「行動公共政策」明石書店（2016年）
(10) 経済協力開発機構編著「世界の行動インサイト」明石書店（2018年）
(11) 経済協力開発機構編著「環境ナッジの経済学」明石書店（2019年）
(12) 高橋寿一「再生可能エネルギーと国土利用」勁草書房（2016年）
(13) 田中信一郎「信州はエネルギーシフトする」築地書館（2018年）
(14) 田中信一郎“ニセコ町環境モデル都市アクションプラン”計画行政42巻4号（2019年）
(15) 田中信一郎“人口減少・経済成熟・気候変動を前提に社会システムの変革を”論座（2021年）
(16) 田中信一郎“徒歩・自転車・公共交通中心の都市構造へ転換を”論座（2021年）
(17) 田中信一郎“「炭素の価格付け」が地方再生の切り札になる”論座（2021年）
(18) 谷口守「入門都市計画」森北出版株式会社（2014年）
(19) 村上敦「フライブルクのまちづくり」学芸出版社（2007年）
(20) 村上敦「ドイツのコンパクトシティはなぜ成功するのか」学芸出版社（2017年）
(21) 諸富徹編著「入門地域付加価値創造分析」日本評論社（2019年）
(22) Sanya Carley/Sara Lawrence “Energy-Based Economic Development” Springer（2014）
(23) 欧州連合　https://european-union.europa.eu/index_en（accessed 2021-12-25）
(24) 株式会社ニセコまち　https://nisekomachi.co.jp/（accessed 2021-12-25）
(25) 環境省　https://www.env.go.jp/（accessed 2021-12-25）
(26) 気候市民会議さっぽろ2020　https://citizensassembly.jp/project/ca_kaken（accessed 2021-12-25）
(27) 基礎自治体レベルでの低炭素化政策検討支援ツールの開発と社会実装に関する研究 https://opossum.jpn.org/（accessed 2021-12-25）
(28) 自然エネルギー財団　https://www.renewable-ei.org/
(29) 自然エネルギー大学リーグ　https://www.re-u-league.org/（accessed 2021-12-25）
(30) 千葉商科大学　https://www.cuc.ac.jp/（accessed 2021-12-25）
(31) 東京都　https://www.metro.tokyo.lg.jp/（accessed 2021-12-25）
(32) 長野県　https://www.pref.nagano.lg.jp/（accessed 2021-12-25）
(33) ニセコ町　https://www.town.niseko.lg.jp/（accessed 2021-12-25）
(34) 北栄町　http://www.e-hokuei.net/（accessed 2021-12-25）
(35) 文部科学省　https://www.mext.go.jp/（accessed 2021-12-25）
(36) UNFCCC　https://unfccc.int/（accessed 2021-12-25）

第3章

コミュニティによる再生可能エネルギーの活用方法

この章の位置づけ

都市の脱炭素化を進めるためには、再生可能エネルギー（再エネ）の活用・大量導入は大前提になる。それは、環境的な側面だけでなく、地域経済にとっても重要な意味を持つ。本章ではまず、村レベルで再エネ発電・熱供給事業を推進している岡山県西粟倉村における取組を、地域付加価値創造分析を用いて評価し、さらに100％再エネ化の地域経済効果をシミュレーションする。しかし、地産エネルギーだけで100％や再エネ、都市の脱炭素化を達成することは困難な場合もある。ドイツ・ミュンヘン市の洋上風力出資や、アメリカ・カリフォルニア州のCCAによる再エネ電力調達からその克服法のヒントを探る。

3章の要約

この章で学ぶこと

セクション1　再生可能エネルギーの地域付加価値創造分析

自治体レベルでも再エネ事業に取り組む際には定量的な事業評価は不可欠である。事業評価とともに経済評価を行う際には、地域付加価値創造分析という手法が有用であることを示す。

セクション2　地域による再生可能エネルギー供給

ここではまず、発電事業と熱供給事業への地域付加価値創造分析の適応方法を学ぶ。具体例として、村レベルの発電、熱供給事業を取り上げ、さらに100%再エネシミュレーションを行う。

セクション3　再生可能エネルギー活用のための世界のイノベーション

一方、域内で再エネ自給が困難な場合には、域外から調達するという手段もある。ドイツのシュタットベルケやアメリカのCCA取組から、そのアイデアを学ぶ。

セクション 1

再生可能エネルギーの地域付加価値創造分析

Keywords
地域循環共生圏、SDGs、固定価格買取制度（FIT）、地域付加価値創造分析

1　自治体レベルの再生可能エネルギー事業

日本全国において、今後人口が減少することは社会共通の認識となっている。さらに、近年の出生率の低下は、さらに深刻な状況をもたらすといわれている。国立社会保障・人口問題研究所では、2025年における人口を1億2254万人、2030年には1億1912万人、2040年には1億1091万人、そして、2053年には1億人を割り込むと推計する。さらに少子高齢化に伴う労働力人口の減少は、財政、年金や社会保障に大きな不安をもたらす。

都道府県別にみても、2018年10月時点の結果によれば、東京都など7都県で人口増加が見られるものの、自然増加は沖縄県のみであり、その他の6都県は社会増加によるものである。この他40道府県では人口減少しており、将来的な人口増加による消費拡大など、かつての発想で地域経済の発展を期待することは困難な状況である。

こうした状況下、地域的な自律分散を確保し、誇りを持ちながらも、他の地域とも有機的につながることにより、国土の隅々まで豊かさが行き渡るような、地域分散共生圏の考え方がある。それは、今日の情報ネットワークを活かしたサイバー空間と物理的な空間との融合により、ローカルな地域から人と自然のポテンシャルを引き出す生命系システムだといってもよい。人口減少が進む中、人一人あたりの生産性向上を目指すのも、2018年に閣議決定した第5次環境基本計画の中核をなす地域循環共生圏のコンセプトの一つである。

地域循環共生圏のうち、とりわけ期待されるのはエネルギー分野の成長である。21世紀のエネルギーは、20世紀型の化石燃料に依存した大規模集中型か

ら、地域に分散して賦存する再エネ資源に移行することは、すでに世界のトレンドがそれを証明している。エネルギー供給源として新たなビジネスを展開できるとすれば、地域経済に貢献することはいうまでもない。

一方で近年、日本の地方自治体レベルにおいて、国連のSDGs（Sustainable Development Goals：SDGs：持続可能な開発目標）の概念を活用した地域活性化が注目されている。SDGsそのものは、基本的に国レベルを単位としてグローバルスケールの課題解決のための枠組みとして企画、提案されたものであるから、自治体レベルの課題解決に活用しようとする場合、そのままでは利用しにくい状況が発生する。そのため、地域レベルの課題解決に適用するためにローカライズする必要がある。

日本では、地方創生や、強靭で環境に優しいまちづくりを目指し、政府が一体となって、「SDGs未来都市事業」を推進し、先進的モデルとなる自治体を支援している。SDGsを全国的に実施するためには、広く全国の地方自治体およびその地域で活動するステークホルダーによる、積極的な取り組みを推進することが不可欠である。この観点から、各地方自治体に、各種計画の戦略、方針の策定にあたってはSDGsの要素を最大限反映することを奨励しつつ、関係府省庁の施策等も通じ、関係するステークホルダーとの連携の強化等、SDGs達成に向けた取り組みを促進することになっている。

この枠組みによって、2018年６月には、全国29自治体が内閣府によってSDGs未来都市および自治体SDGsモデル事業に指定されている。こうした中央政府による支援によるものだけでなく、自治体において独自の取り組みを行う例も盛んにみられるようになってきた。これは、世界だけでなく日本においても、自治体レベルで環境エネルギー、経済分野の持続可能な地域の発展が望まれていることを示している。もちろん、環境的に負荷が少なく、さらに地域の経済的な発展が展望される、地域主導の再エネの推進が重要な発展要素となってくる。

このSDGsのアジェンダのうち７番目は、「７．エネルギーをみんなにそしてクリーンに」と設定され、すべての人々に手頃で信頼でき、持続可能かつ近代的なエネルギーへのアクセスを確保することを目標としている。同時に「８．働きがいも経済成長も」「11．住み続けられるまちづくりを」「９．産業と技術革新基盤をつくろう」「12. つくる責任 つかう責任」「13. 気候変動に具体的な対策を」といったアジェンダが設定される。

2012年、日本において本格導入された再エネの固定価格買取制度（FIT：Feed in Tariff）のインパクトは絶大なものであった。FITの下では、電源毎に定められた一定期間、固定価格で電力会社に電力を買い取ってもらうことができる。その後、太陽光発電を中心に大量の新規導入が進展するとともに、さまざまな議論を呼んだ。ただし、この制度によって、とりわけ太陽光発電ではその目的どおり、学習曲線が効いて、年を追う毎に大きく下落していることは間違いない。

化石燃料に依存しない分散型の再エネは、FITによる下支えがある発電事業を中心に、さまざまな事業者の新規参入を促している。それは、コミュニティにも大きな参入のチャンスをもたらした。2012年当時、FIT買取価格によって再エネ発電に人々の関心が集中した一方で、理論的にエネルギー効率の高い、太陽熱やバイオマスの直接熱利用の可能性も議論に上った。

地域コミュニティ、もしくは自治体による分散型の再エネ事業は、海外から

BOX 1　学習曲線

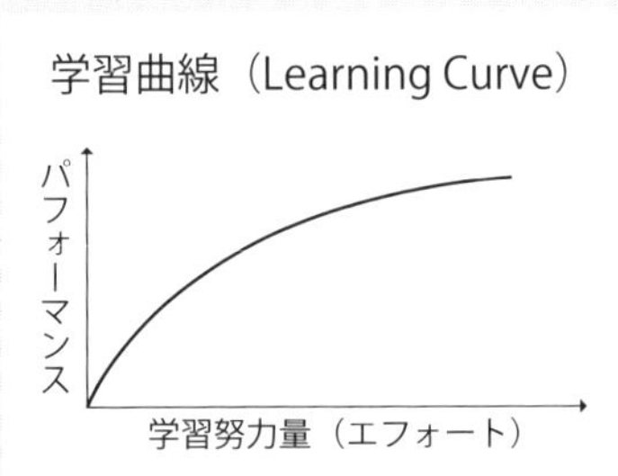

学習曲線（learning curve）とは、学習した努力量とそのパフォーマンスの関係を、2次元の曲線で示したものである。一般的に、学習量が増えればその効果は増加する。再エネに関して考えれば、まだまだ新しい技術で未熟な状況では、単位量あたりの生産コストは高止まりしたままだが、その学習努力量を増加させていけば、単位量あたりの導入コストは低下する。導入コストの低下は、再エネ技術にとっての大きなパフォーマンスとなる。学習努力量を増加させるためには、固定価格買取制度（FIT）を導入すれば、投資家やそれぞれのバリュー・チェーンにおける各事業者が、再エネ技術に対して努力する経済的インセンティブを与えることができる。FITのもっとも重要な目的は、この学習曲線を引き起こすような量産効果で、導入コストを十分に引き下げることにあった。

輸入する化石燃料に依存しないからCO_2を排出することなく、一方で核燃料にも依存しないから、環境的な負荷が小さいことはいうまでもない。重要なのは、これまで地域コミュニティや自治体が、自らエネルギー事業に参入することによって、新たな富を得、地域の持続可能な発展に資する経済活動を新たに始めることができるチャンスが訪れたことである。

2　定量的な事業評価の必要性

ここでは、エネルギー事業評価における定量評価、とりわけ経済的な側面における定量分析の必要性について指摘しておきたい。その内容は、大きく分けて二点である。

第一に、エネルギー事業そのものの事業性を担保する必要がある。コミュニティレベルの再エネ事業は、従来型の大規模火力発電や原子力発電と比較して、規模が小さく基本的に分散型である。

ただし、いかに規模が小さくとも、その導入のための初期投資として決して少なくない費用が必要である。そのためのファイナンスを得るためには、事業実施期間を見越した事業計画が必要である。再エネは環境に優しいからといって、それが赤字の経営計画であれば金融機関ほか出資者が、その事業に参入することは不可能である。

さらに、発電事業や熱供給事業は、いわば公益事業、地方自治体が直接行う場合は公共事業である。公益事業は、公衆の日常生活に欠くことのできない事業であるから、その事業は安定的に電気や熱を需要家に供給しなければならない。その事業は営利を伴ってもよいものの、安定供給ができないようなずさんな経営体質であれば、その社会的責任を果たすことはできない。

第二に、エネルギー事業をとおして、その自治体、地域に継続的に富がもたらされるかどうかを検証することである。ドイツにおける協同組合や公営企業の自治体公社（シュタットベルケ：Stadtwerke）による再エネ事業では、温室効果ガスを排出しないという意味で環境に優しいという理由だけでなく、地元の地域経済効果を狙って独自に行うものが少なくない。そういったときにしばしば用いられるのが、本章でも利用している地域付加価値創造分析である。

再エネは、海外から輸入を強いられる化石燃料や核燃料に依存せず、地元地域に賦存する太陽光、風、水資源、バイオマス資源、地熱資源などを利活用する。したがって、地域資源を利活用した新たなビジネスを展開する可能性があるが、燃料調達の必要なバイオマス事業を除き、その他の事業は、一度そのための設備を作ってしまえば、その後は基本的にメンテナンス作業だけになる。その意味では、資本集約型産業である。

資本集約型産業では、労働集約型産業と比べて雇用効果は少ない。それはとりわけ運転開始後顕著になる。つまり、地域外からの出資が大部分を占める場合、その地元地域に帰属する経済効果は限定的になり、売電収入、熱供給により売上から経費等を除いた事業者の税引後利潤は、地域外に流出してしまうことになる。

再エネ事業は、地元に賦存する自然資源を利活用し、地域に新たな富をもたらすポテンシャルをもった有益な事業である。とりわけ、エネルギー事業においては事業者の税引後利潤が付加価値創造の大部分を占めることになる。この富の大部分が、大手資本によって域外流出するとすれば、それは地元地域にとってもったいないと言わざるをえない。

こうした地域における経済効果を、地域のステークホルダーにも理解しやすいように設計されたのが、ドイツを中心に発展・普及してきた地域付加価値創造分析モデルである。地元地域が、自治体レベルで将来どの程度経済的な効果を得られるのかを定量的に明らかにすることは、その事業を始めようとする時に、地元の理解を得るために有益である。また、エネルギーの需要は安定的に続くわけであるから、将来の自治体経営を考える際にも有用である。

3　地域付加価値創造分析による経済評価

筆者らは、地域レベル、とりわけ自治体レベルの再エネの経済効果を測定するために、地域付加価値創造分析モデルを用いている。これは、分散型の再エネの普及・導入の先進国であるドイツで開発され、普及しているものである[(16),(17),(18),(20),(21),(22)など]。

重要となるのは、地域の経済効果をいかに計るか、という課題である。再エネの普及導入先進国ドイツでは、再エネの拡大と、その結果としての経済効果に関する分析に多くの蓄積がある。ただし、その多くは国家レベルや州レベルのものであり、自治体レベルでの経済効果を緻密に計ったものは、近年まではとんどなかった。

日本でも、再エネによる地域経済効果を分析した研究成果は、次第に蓄積されようとしている。これらはほとんど、産業連関分析を用いたものである。欧米においても、産業連関分析が先行している傾向は同様である（中山ら、2015）。

こうした試算は、主として国家レベル、ないしは州レベルで行われている。レオンティエフの逆行列によって、その乗数効果の確からしさが世界的に認められている産業連関分析は、多額の予算と時間を用いて作成される国家レベル・州レベルの産業連関表を用いることで、信頼性を確保している。ところが、基礎自治体レベルにこれをブレークダウンしようとすると、さまざまな課題が生じる。

日本における産業連関表をもとにした分析も同様である。産業連関表は、国レベル、経済産業局レベル、都道府県レベル、政令指定都市レベルといった具合に、トップダウン的に地域を限定して小地域化してゆくから、市町村レベルにまで加工してゆく過程において、どうしても、その精度が粗くなってしまう

BOX 2　産業連関分析

産業連関分析では、産業連関表を用いて経済効果を測定する。産業連関表は、W.レオンティエフによって考案され、その精度の高さと有用性から広く世界の各国で利用されるようになった。レオンティエフは、後にノーベル経済学賞を受賞している。日本では現在、全国を対象とした産業連関表を、5年ごとに10府省庁の共同作業による作成している。また、経済産業省によって、日本を9つの地域に分割した地域ごとに地域産業連関表が作成され、都道府県や市においても、概ね5年ごとに都道府県・市産業連関表を作成している。この他、直近の産業構造を推計した延長産業連関表、国際間取引を詳細に記述する国際産業連関表、分析目的に応じた各種分析用産業連関表なども作成されている。

産業連関表は、国民経済をいくつかの産業部門に分割して、各部門の投入と算出の相互関係を示し、その構造や変動を分析しようとすることから、投入産出表（Input-Output table）とも呼ばれる。さらに、産業連関分析は、I-O分析（Input-Output analysis）と呼ばれることも多い。

という課題がある[2]。

こうした課題を解決するために、ベルリンにあるエコロジー経済研究所（Institut für ökologische Wirtschaftsforschung: IÖW）をはじめ、いくつかの研究機関では、Porter（1985）がいうところの「バリュー・チェーン」を用いることで、精密に地域経済付加価値を計るモデルを開発した（Hirschl et al., 2010）。これは、生産面からみた域内総生産と同義であると定義される。域内を国内と考えるならば、国内総生産（GDP）と一致する。

IÖWモデルには、現在、分散型電源や熱利用施設、バイオ燃料の輸送・供給、木質燃料による熱電併給、地域遠隔熱供給といった、代表的なポートフォリオから、広範囲にわたるバリュー・チェーンが含まれている[17]。

つまり、電力・熱供給・バイオ燃料領域について、全ての技術、発電所・熱供給施設・燃料製造プラント等の規模に応じて、ドイツの平均的な自治体に適用可能である。このモデルは、ドイツ固有の状況に合わせて設計されており、企業の収益性、生産性市場、賃金レベル、ドイツの課税システムといった、ドイツ特有の投入データが含まれている。

一方このアプローチでは、移転先の国特有のデータが入手可能であり、税制度が適用可能であれば、当該国にも移転可能である。日本でもこうしたデータは一定の範囲において入手可能であるから、日本における適用も可能となる。

そこで、このモデルを応用して日本版にアレンジし、平均的な地域に適用可能にしたものを地域付加価値創造分析モデルと呼んでおり、さらに地域特性に合わせて詳細分析を実施することができる[(1),(3),(6),(8),(13),(25),(26)など]。

表1　再生可能エネルギー事業のバリュー・チェーン

事業開始時（1回限り）	
①	システム製造段階
②	計画・導入段階
運転開始後毎年（運転期間中）	
③	運営維持段階（O&M）段階
④	システムオペレーター段階

（出所：Heinbach et al.（2014）より作成。）

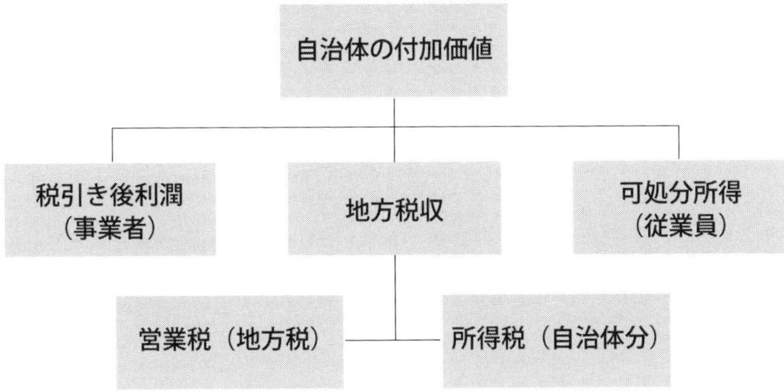

図１　自治体の付加価値の要素

（出所：Heinbach et al.（2014）より作成）

バリュー・チェーンは、再エネ施設の様々なライフサイクルの段階を反映して、一様に、４つの段階に分解される。それらは、一回だけ計上される①「システム製造段階」、②「計画・導入段階」と、施設の耐用年数期間を通して、継続的に年々発生する③「運営・維持（O&M）段階」、④「システムオペレーター段階」である。

①「システム製造段階」とは、いわゆる設備の製造段階である。たとえば風力発電の場合は、発電機やタワー、ブレード（羽根）などの部品製造のことを指す。②「計画・導入段階」とは、基礎工事、運搬、系統連系、設備組立などのことを指す。③「運営・維持（O&M）段階」とは、経営管理の技術的側面のことで、保守管理、保険、土地貸借代、外部資本による資金調達などが含まれる。④「システムオペレーター」段階とは、会社経営から産み出される所得のことで、具体的には、事業者の税引き後利潤、地方税収などが含まれる[14]。

これらのバリュー・チェーンの４つの段階は、電源毎の特定の技術によって、さまざまなバリュー・チェーンのステップにさらに細分化される。こうしたバリュー・チェーンに対応する形で、本手法では、付加価値創造が三つの要素に分解される。その三つの要素とは、⑴ 事業者の税引き後利潤、⑵ 従業員の可処分所得、⑶ 地方税収である（**図１**）。これらの三要素を、積み上げ方式で足し合わせたものが、再エネ事業における、地方自治体の地域付加価値創造額と定義される。

これらを一般化すると、下記のように示される。

$$RVA=\sum_{i} P_{i,t}$$

ここで、i は**表1**に示すような各バリュー・チェーンの事業を指す。$P_{i,t}$ はそれぞれの域内の事業者の税引後利潤、従業員の可処分所得、地方税収の合計値を示している。付加価値RVAは、プロジェクトに関連する域内事業ｉからｔの総和として求められる。

サマリー

エネルギー事業は、地域社会を維持発展していく上で重要な意味をもつ。それは脱炭素化のために再エネ事業に取り組むことが有益であることが、地域循環共生圏やSDGsでも示されている。地域経済効果を測るために、地域付加価値創造分析という手法がある。

Questions

- □ **問題1**　地域循環共生圏やSDGsでは、自治体コミュニティの脱温暖化や再エネ事業をどう捉えているか、説明しなさい。
- □ **問題2**　自治体レベルで地域経済効果を測定するとき、地域付加価値創造分析を用いることの優位性を説明しなさい。
- □ **問題3**　自治体レベルの地域付加価値創造の３つの要素を答えなさい。

セクション 2

地域による再生可能エネルギー供給

Keywords
太陽光発電、小水力発電、バイオマス熱供給事業、地域付加価値、再エネ100%、

※1　村レベルの発電・熱供給事業

分散型の再エネ事業は、その地域に賦存する再エネ資源、たとえば、その地域に照る太陽光、その地域に吹く風、その地域に降った雨や湧水が集まった川の水、その地域で生育したバイオマス資源、その地域の地下から噴き出す地熱資源等を活用するのが基本原則である。

農山村地域、とりわけ山間地域と呼ばれる急峻な山に囲まれた地域では、小水力発電と木質バイオマス熱利用のポテンシャルが高い（中山（2016)、中山他（2016)、中山（2015）など）。小水力発電の出力は、取水地点と発電地点との間の落差と入手可能な水の流量に依存する。その点で急峻な地形は優位性を持つ。一方で、山林に関する仕事に付随して木質バイオマス資源を入手できるならば、それを熱源として有効活用することができる。

今日農山村地域では、とりわけ自然環境が劣化し、その生態系サービスの生産能力の低下が問題となっている。それは、これまで人の手が適切に入ることによって維持されてきた、里地・里山と呼ばれるような二次的自然の荒廃を意味している。なぜ二次的自然は荒廃しているのだろうか。なぜならば、農山村の自然に人が手を入れる経済的インセンティブが薄れているからである。里地里山の直接的利用価値が低くなっているからこそ手が入らず、結果として間接的利用価値や、非利用価値の生産能力も低下しているのである。

再生可能エネルギー（再エネ）事業は、カーボンニュートラルの原則のもとでは二酸化炭素を排出しないから、環境的にも優しいとされる。一方で、地域経済にとっては地域資源を利活用してエネルギー事業を営むことで、二次的自

然（里地・里山）の利用価値が新たに生じることになる。こうして直接的利用価値が高まって、供給サービスの適正利用が進めば、調整サービスや生息・生息地サービス、文化的サービスなどの生産能力を高めることが期待できる。つまり、地域経済社会にとっては、エネルギー事業という経済効果と、二次的自然環境整備という環境効果の、両方の効果を狙うことができる。

そこで、本節では、村として再エネ事業を積極的に展開している岡山県西粟倉村の協力のもとに得られたデータを用い、村における地域付加価値創造分析を行う。西粟倉村は「環境モデル都市」として有名であり、低炭素モデル地域の創造を目指している。安定した発電収入となる小水力発電事業や、木質バイオマスボイラーの導入を先導的に実施し、さらに太陽光・太陽熱・EV導入を進めることで、エネルギー自給率100％を目指している。

今回の分析では、再エネ事業を実施するにあたり、最初に一度だけ生じる設備投資を「計画導入段階」としている。また先述の③「運営維持（O&M）段階」および④「システムオペレーター段階」は、再エネ設備が運転開始後稼働期間を終えて廃棄されるまでの期間の「運転維持・事業マネジメント段階」として、累積値で求めた。

「計画・導入段階」では、再エネ事業を実施するにあたり、最初に１度のみ生じる設備投資を扱う。ここでは事業や設備に関する企画・設計や設備の購入、設備の設置に関わる工事などが行われる。また事業の資本構成、借入の条件に基づいて事業期間中の返済計画が作成される。この段階で生じる地域付加価値は企画・設計や設置に関わる工事などのうち、対象とする地域に存在する事業体が行う活動についての、被雇用者所得や事業者の利潤、これらに対して課税される市町村住民税や市町村法人住民税となる。

一方、「運転維持・事業マネジメント段階」は、再エネ設備が稼働期間を終えて廃棄されるまでの期間である。この段階については、年ごとにエネルギー生産量、売上、維持管理費などを個別に推計し、再エネ事業のキャッシュフローを作成する。これにより、再エネ事業そのものが生み出す付加価値が明らかとなり、事業の資本構成（地域内外比）を加味することで、事業が直接地域にもたらす付加価値を推計する。

また、再エネ事業から支払われた維持管理費のうち、木質燃料の購入など分析対象地域内の事業体に支払われた費用から、地域内の被雇用者所得や事業者の利潤が推計される。そして再エネ事業や関連する地域内事業体の被雇用者所得、事業者利潤から、市町村住民税や市町村法人住民税を推計することができる。また固定資産税のように、事業の利益に関わらず発生する税についても年ごとに個別の推計を行っている。

なお、本章における分析は、(6)をもとに、より詳細分析を加えたものである。

BOX 3 小水力発電とバイオマス利活用

小水力発電やバイオマス、とりわけ木質バイオマス利用は、急峻な地形で降水量が多く、また、森林比率の高い山間地域においてポテンシャルが高い。

小水力発電の原理は、大規模な水力発電と基本的には変わらない。水力の発電出力は、以下の式で求められる。

$$P=9.8\times Q\times H_e\times \eta \qquad (1)$$

ここで、Pは発電設備の出力［kW］、9.8は重力加速度［m/s^2］、Qは流量［m^3/s］、H_eは有効落差［m］を示す。ηは総合効率で水車効率・発電機効率・増速機効率等を掛け合わせておおよそ60～85％になる。年間発電量（kWh）は、(1)式のPに、24時間・365日・設備利用率を掛け合わせたものになる。

概ね、1000kWh（1 MW）未満の比較的小規模な小水力発電では、ダムを設けない流込式発電方式を採用する場合が多い。この場合でも、発電出力は流量と落差に依存することから、急峻な地形をもち、降水量の多い山間地域に小水力発電の適地が比較的多くなる。

森林バイオマス利用は、木材として利用されていない未利用材や、木材を製造する際に産出される端材等を利用するのが一般的である。当然、森林率の高い山間地域において、こうしたバイオマス資源の利活用に対する関心が高まる。

木質バイオマス利用としては、こうした未利用材や端材を燃焼させて蒸気を得る、汽力発電する方式が着目された。ところが汽力発電で採算性を保つためには、概ね5 MW以上の大きな発電所が必要となり、そのために莫大な量の燃料が必要となり、集材範囲が広くなってしまう問題がある。そこで、より効率的に熱と電気を産出することができるCHP（Combined Heat and Power）や、熱のみを供給するプラントが注目されるようになった。CHPでは燃料とするためにペレットやチップに加工する必要があるが、熱のみを供給するプラントでは薪の状態で燃焼させることができ、低次加工ですむ分燃料コストが節約できる可能性がある。

※2　発電事業

同村で実施されている発電事業は、小水力発電事業と太陽光発電事業である。同村では、小水力発電所M（290kW）、K水力発電所（5kW）、Nおひさま発電所（48.6kW）、道の駅太陽光発電所（20kW＋20kW＋15kW）が運用されている。また、あらたにO小水力発電所（199kW）が計画中であり、2020年度からの稼働を目指している。

【小水力発電所】

まず、小水力発電所Mは、290kWの設備容量を持つ小水力発電所であり、既存の小水力発電所を改修して2014年に稼働を開始した。設備投資に必要な費用は約3億円とされ、全て村の独自予算によりまかなわれている。支出に補助金が含まれているが、これは事前の検討にかかった費用について補助を受けたものであり、事業実施そのものは全て村の予算から支出されている。固定価格買取制度（FIT）の適用を受けており、発電された電力は20年間に渡って29円/kWhで売電される。分析結果は**図2**のとおりである。

分析の結果、本事業は投資や運転維持に必要な費用の3倍以上の地域付加価値を創造することが明らかとなった。FIT価格で想定されている投資額や運転維持費に対し、実際に必要となった費用が小さかったことが、本事業が大きな付加価値を生んでいる要因と考えられる。小水力発電はFITが適用される20年を超えて稼働することも考えられ、本事業は長期に渡って地域に付加価値をもたらすことが期待される。

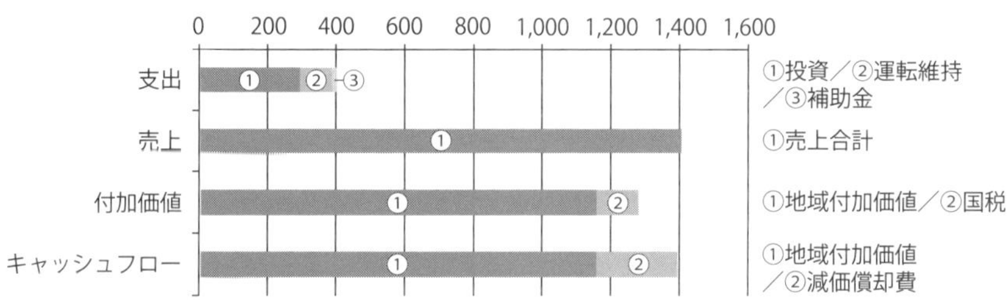

図2　小水力発電所Mによる地域付加価値創造額（単位：100万円）
注：設置～稼働20年目までの累積
（出所：西粟倉村のデータをもとに分析）

なお水力発電に関わる設備の中には、設備投資などの費用を一定期間に配分する会計方式である減価償却期間が38年ないし57年と20年以上の長期に及ぶものも存在するため、上図では投資にかかった費用と減価償却費が一致しない。つまり、稼働20年後も安定して発電することが想定され、その売電益によってさらに継続的な地域経済付加価値を生み出し続けることが期待される。ただし稼働21年目以降はFITによる固定価格買取が終了するため、自家消費（域内消費）も含め、売電方法を工夫することが課題となる。

このように、発電容量の規模、事業経営主体の違い、およびファイナンス方法の違い、そして売電価格の違い等の要因により、各発電所によってコスト構造は異なっているものの、村内３箇所の小水力発電所による支出・売上、付加価値を合計したものが、**図３**である。

小水力発電所Mと比して、採算性の乏しいK小水力発電所や運転維持費用を高く設定しているO小水力発電所を合計してもなお、村内３事業の小水力発電事業では、投資や運転維持に必要な費用の1.6倍程度の売上がある。これらの事業によって村内にもたらされる地域付加価値は、設置から稼働20年目までの累積で約15億円になると推計される。

図４は、村内小水力発電３事業の地域付加価値の帰属先を示している。この図は、従業員への所得は支払った後の、事業者の利潤、地方税収から見た付加価値の帰属比率を示している。

その大部分である８割程度は、産業部門のうち電力事業者（発電事業者）に帰属する。産業部門のその他に該当するのは、メンテナンス等を担う機械等修

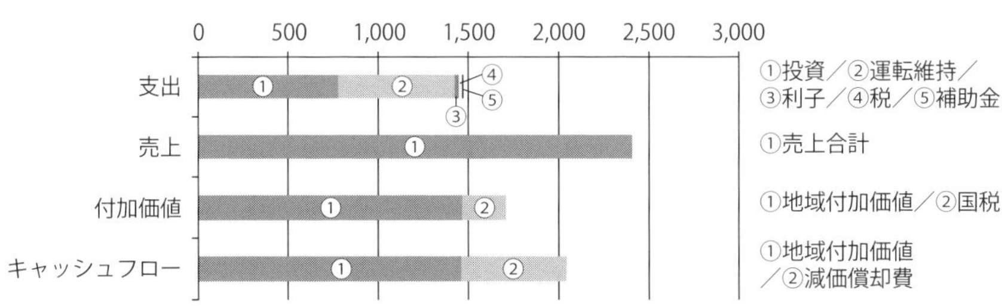

図３　村内３小水力発電所による地域付加価値創造額（単位：100万円）
注：設置～稼働20年目までの累積
（出所：西粟倉村のデータをもとに分析）

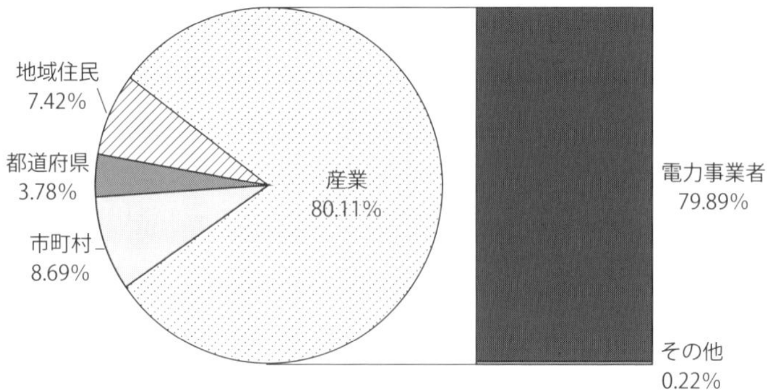

図4　村内小水力発電３事業の運転・維持段階における地域付加価値帰属先
（所得支払い後）

注：設置〜稼働20年目までの累積値ベース
（出所：西粟倉村のデータをもとに分析）

理業者である。地元の村や県への税収は14％強、事業に出資した地域住民へも７％強帰属している。

【太陽光発電事業】

村内にあるNおひさま発電所は48.64kWの設備容量を持つ太陽光発電所で、西粟倉コンベンションホールの屋根に設置されて2014年から稼働を開始している。施設の屋根を西粟倉村が無償で貸し出し、災害時の非常用電源とするほか、環境教育にも活用されている。

設備の設置にかかる費用は、村民28名からの出資4,900万円と、岡山県の地方銀行からの融資１億円によってまかなわれている。事業主体は岡山市のNPO法人が担っており、収益の一部は中山間地域の活性化に資する取組への支援にも活用されている。本事業もFIT制度の適用を受けており、発電された電力は20年間に渡って36円/kWhで売電される。分析結果を**図５**に示す。

分析の結果、本事業は投資や運転維持に必要な費用の50％以上の地域付加価値を生み出すことが明らかとなった。売上は投資額や運転維持費、利子、税を合計した支出総額よりも大きくなると推計され、事業の採算性は確保されている。付加価値の配分としては事業そのものの純利益が最大であり、これは事業のオーナーシップを持つ村内の出資者に帰属するため、地域にとって価値のあ

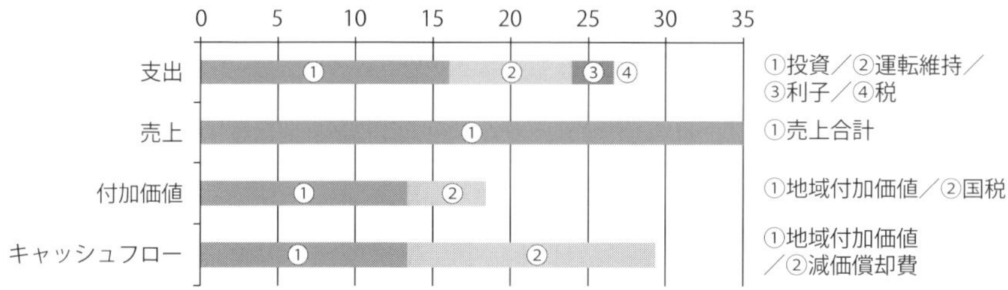

図５　Nおひさま発電所による地域付加価値創造額（単位：100万円）
注：設置～稼働20年目までの累積
（出所：西粟倉村のデータをもとに分析）

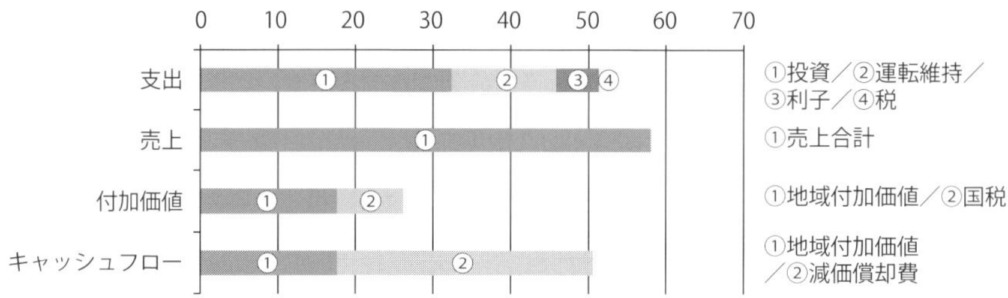

図６　太陽光発電全事業の地域付加価値創造額（単位：100万円）
注：設置～稼働20年目までの累積
（出所：西粟倉村のデータをもとに分析）

る事業になっていると言える。

運転維持費は年間で約178万円であるが、そのうち148万円は「その他のコストと収入の差額」として地域外への支払いとなっている。これは本事業主体となっているNPO法人への支払いと推測される。

さらに、同様の枠組みで実施されている道の駅太陽光発電所を加味し、村が関与している屋根貸し型の村内の事業用太陽光発電所の合計値を**図６**に示す。ここから、事業全体での採算性は確保されていることがわかる。一方で、設置から稼働20年目までの地域付加価値の累積で、村内に1,800万円の付加価値が生まれると推計される。

さらに、その運転・維持段階における太陽光発電事業による、従業員の所得支払後の地域付加価値の帰属先を示したものが、**図７**である。この太陽光発電事業はいわゆる屋根貸し事業であるため、他の発電事業と比べて産業部門の帰属比率は低く、36％程度に留まっている。一方、村・県に帰属する寄付・税収

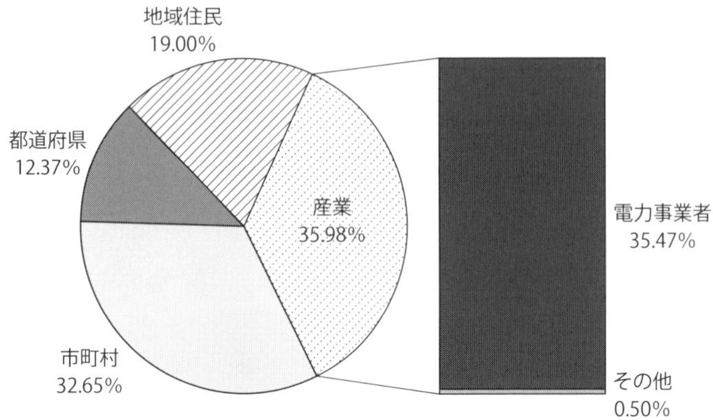

図７　太陽光発電全事業の運転・維持段階における地域付加価値の帰属先（所得支払後）

注：設置～稼働20年目までの累積値ベース
（出所：西粟倉村のデータをもとに分析）

比率が約45％を占めている。地元住民の出資に対するリターンも２割を占めており、小水力発電に比べて高い比率を示している。

3　熱供給事業

西粟倉村では、木質バイオマスを利活用した熱供給事業を展開している。本項ではまず、村内の温浴施設Yに2015年に設置され、2015年から稼働している熱供給専用の薪ボイラー（340kW）運用による、地域付加価値創造分析を行う。

この事業の資本構成は域内企業の出資が30%、残る70%を域外金融機関からの借入と想定した。ただし村提供のデータで借入期間が12年、借入利子率が0.1%とされており、支払利子は非常に小さい。

ボイラーは施設を所有する西粟倉村が所有している。施設そのものは指定管理者であるA社（熱需要家）が運営しているが、ボイラーはS社（熱供給事業者）が運営する形を取っている。ボイラーのメンテナンス費用や稼働に必要な電力にかかる費用についてはA社が、バイオマス燃料費等、ボイラーの稼働にかかるその他の費用については熱供給事業者S社が負担している。

熱供給事業者Sから需要家Aへの熱販売単価（2018年６月以降）は2,220円/GJとなっており、これに熱需要家A側が負担しているメンテナンス費用や電力料

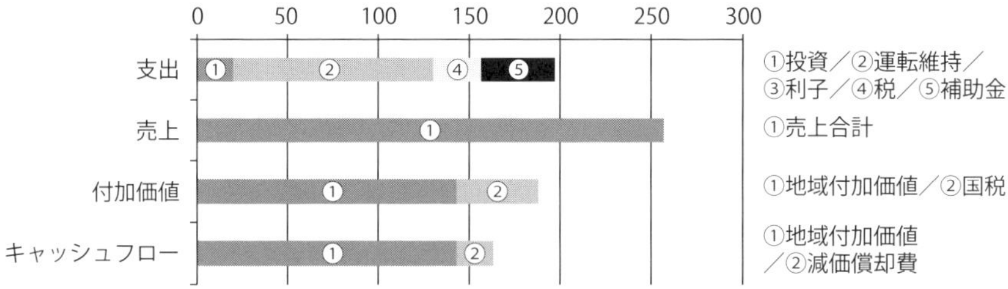

図８　薪ボイラー（340kW）による地域付加価値創造額（単位：100万円）
注：設置～稼働20年目までの累積
（出所：西粟倉村のデータをもとに分析）

金を加味すると、熱需要家Aの熱購入単価は2,625円/GJになるとのことである。

本分析では熱供給事業として収益性や地域付加価値を評価するため、熱需要家A側が負担しているメンテナンス費用や電力料金も熱供給事業体の費用として計上する一方、熱販売単価は需要家Aの実質的な購入単価である2,625円/GJとして分析した。なお運転維持にかかる費用のうちバイオマス燃料（薪）は地域内から全量購入するものと想定した。分析結果の概要は、**図８**のとおりである。

分析の結果、本事業は投資や運転維持に必要な費用、税、補助金の合計に対して70％以上の地域付加価値を生み出すことが明らかとなった。支出額を累積の売上が上回っており、事業としての採算性も確保されていることが分かる。

図９は、地域付加価値とその構成要素の累積額の経年変化を表している。本事業には約4,000万円の補助金が投入されているが、事業開始から６年目の2020年には投入された補助金以上の地域付加価値を生み出していることが分かる。地域付加価値のうちで最大の割合を占めるのは、事業そのものが生み出す利潤だが、運転維持にかかる費用のうちバイオマス燃料にかかる費用が地域内の農林業に支払われ、地域内の農林業でも付加価値が生じ、地域内所得も一定程度生じている。

同様のスキームで実施される村内の三つの木質バイオマス熱供給事業（温浴施設Y、宿泊施設K、宿泊施設M）を統合した地域付加価値創造の合計は、**図10**に示される。またその運転維持段階における地域付加価値創造額の配分の内訳は、**図11**に示すとおりである。

図10が示すように、本分析の結果、３事業合計で稼働20年目までに約2.8億

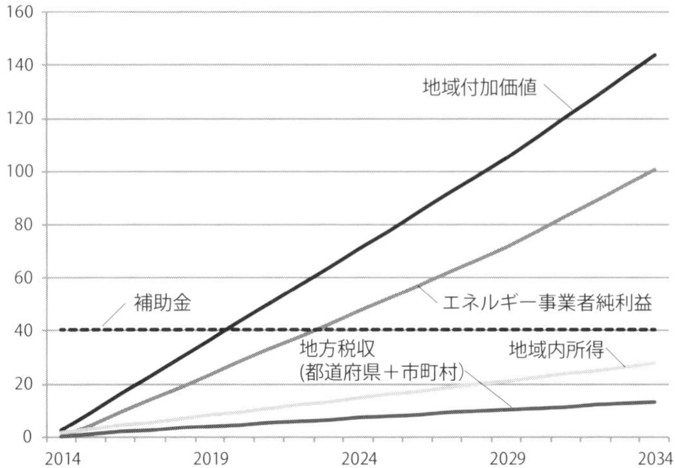

図９　薪ボイラー（340kW）による地域付加価値累積の変遷
（単位：100万円）

注：設置～稼働20年目までの累積
（出所：西粟倉村のデータをもとに分析）

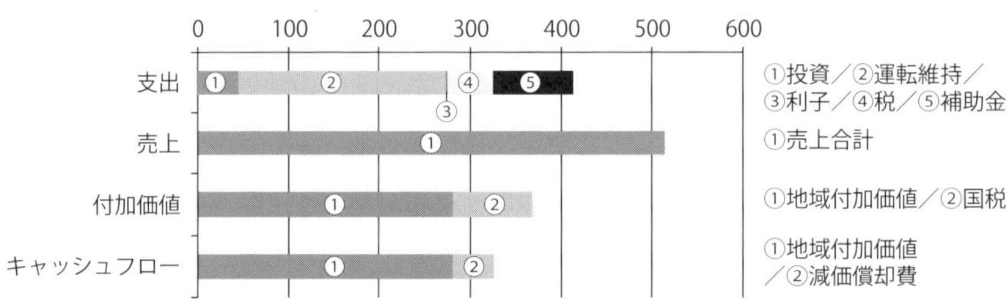

図10　村内３熱供給事業で生み出される地域付加価値創造額
（単位：100万円）

注：設置～稼働20年目までの累積
（出所：西粟倉村のデータをもとに分析）

円の地域付加価値を生み出していることが分かった。投資段階では、費用の大部分を占める設備（ボイラー）を地域外から購入しており、設計や施工で生じる地域付加価値は、運転維持段階に比してわずかである。一方、運転維持段階では、事業による利益や燃料供給元の農林業で地域付加価値が生じており、その累積額は約2.7億円に及ぶと試算された。

また、**図11**からは、熱供給事業を実施している熱供給事業者（S社）に帰属

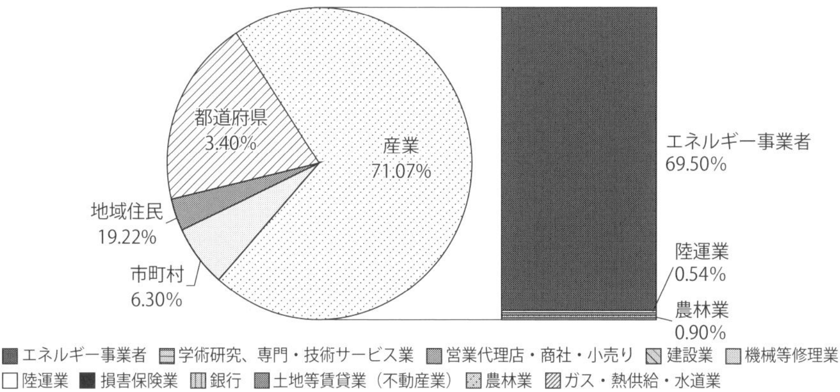

図11　村内３熱供給事業で生み出される地域付加価値の帰属先（単位：100万円）

注：設置〜稼働20年目までの累積
（出所：西粟倉村のデータをもとに分析）

する付加価値が70％と最大の割合を占めていることがわかる。次いで割合が大きいのは地域住民となっているが、これは主に燃料となる薪の原料供給を行う林業従事者である。

このように、西粟倉村では収益性のあるバイオマスエネルギー事業が行われており、これによって生み出した付加価値を活用して、さらに事業を拡大させていくことが期待される。

4　電気と熱の100％再生可能エネルギー

西粟倉村では、2005年に「地域新エネルギービジョン」を策定し、エネルギー自給率100％の村を目標に定めた。その後、環境モデル都市事業やバイオマス産業都市事業等を通じて、再エネによるエネルギー自給率100％を目指して積極的に活動している。西粟倉村では、現在まとまった規模の発電と熱供給に関するプロジェクトが動いている。

発電については、2021年に運転開始を目指して、199kWの小水力発電所計画が進行している。村役場によると、この発電所が稼働を始めれば域内の電力需要の７割を賄うことができる。

熱供給については、村役場庁舎を含む村内中心地において、木質バイオマスボイラー（約400kW）で作った熱を供給し、暖房・給湯で使用する地域熱供給システムが整備中である。村役場によると、この地域熱供給システムが完成すると、地域の熱需要の40％近くを賄えるようになるという。

このように、発電および熱供給事業分野において、西粟倉村にはすでに実施経験がある。したがって、この経験値に基づいたBAU（Business As Usual）シナリオを構築するのが妥当である。

100％シナリオを描く上で、村内需要が将来どうなるか想定しておくことは不可欠である。ここでは家計部門を考えてみたい。**図12**は、2014年（平成26年）から2019年（平成31年）までの、住民基本台帳による西粟倉村の人口と世帯数の変遷を表している。

2014年（平成26年）、社会に大きな衝撃を与えた日本創世会議人口減少問題検討分科会の推計によると、岡山県内でも14の市町村が消滅の危機に瀕しているとされ、西粟倉村も消滅可能性都市とされた。ところが、住民基本台帳を基にした**図12**を見る限り、確かに人口は年々わずかに減しているが、世帯数は微増していることがわかる。これには社会増の要因が考えられる。

つまり、最近6年間の傾向を見る限り、将来の人口・世帯数の大幅な減少は見込まれず、これに伴う家計部門の電気や熱のエネルギー消費量の減少はほぼ見込まれない。一方、事業部門においても、西粟倉村では地元の木材を利活用するような新たなローカルベンチャー事業の成長が各所で紹介されている。こ

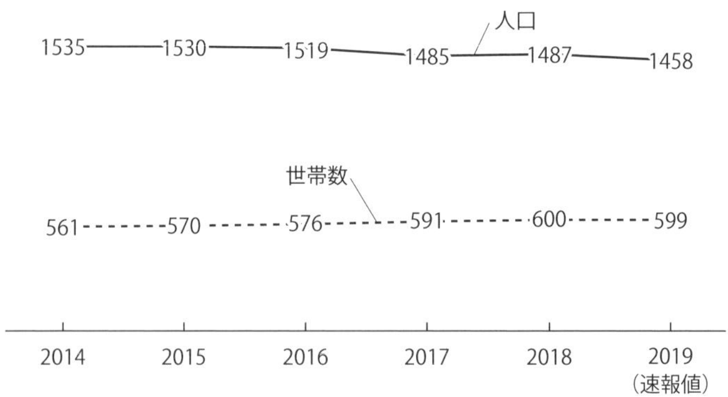

図12　西粟倉の人口と世帯数の変遷
（出所：各年版岡山県県民生活部市町村課「市町村住民基本台帳統計」から作成）

うした木材加工業等も、電気や熱のエネルギー需要は少なからずあるため、事業系のエネルギー需要も大きく減少することはないと考えられる。

したがって、ここでの分析では、村内のエネルギーの将来の需要の減少は勘案しないことにする。

【電気】

これまで指摘したように、西粟倉村内では、すでに小水力発電所が２カ所あり、295kW（＝290kW（小水力発電所M）＋５kW（K小水力発電所））が稼働中である。さらに、199kWのO小水力発電所を加えて494kWの容量の小水力発電所を持つことになる。電気に関しては、年間の電力量（Wh）の単位で再エネ100％を考えてみたい。

西粟倉村における小水力発電所は設備利用率が高く、90％～86％である。ただし、年毎に渇水などの要因で発電量が低くなることも想定されるため、ここでは控えめに村内の小水力発電所の設備利用率を80％と仮定すると、おおよそ3.5GWh（≒494kW×365日×24時間×0.8）することになる。つまり、小水力発電所１kWあたり、年間おおよそ７MWh（≒3.5GWh/494kW）発電していることになる。

また村内にある既存の104kW（≒48.64kW＋20kW＋20kW＋15kW）の太陽光発電所からは、おおよそ年間100MWh（＝0.1GWh）を発電していることになる。村役場によると、48.64kWの容量をもつNおひさま発電所から年間約50MWh発電することができる。つまり、太陽光発電所１kWあたり、年間およそ１MWh（≒50MWh/48.64kW）発電することができる。

したがって、西粟倉村における日照条件のもとで、Nおひさま発電所と同様の性能を持つ太陽光発電パネル・パワーコンディショナー等の設備を設置するならば、年間１MWh発電するためには約１kWの太陽光発電設備があればよい。

これら小水力発電と太陽光発電を併せて、現在、年間3.6GWh（＝3.5GWh＋0.1GWh）発電していることになる。村役場のヒアリングによると、O小水力発電所が運転開始すれば、電力自給率７割を満たすことができるという。つまり、年間5.1GWh（≒3.6GWh/0.7）村内で発電できれば、村の電力の自給率100％を達成することができる。

さらにここでは現実的なシナリオとして、再エネ100％を達成するために、現在不足している年間1.5GWh（＝5.1GWh－3.6GWh）分の電力を太陽光発電で賄うシナリオを立ててみたい。電気の再エネ100％を達成するための、年間1.5GWhの追加的な発電量のためには、Nおひさま発電所と同様水準の設備で、1.5MWの設備容量を持つ太陽光発電所を設置すればよいことになる。

これまで分析から、村内における小水力発電所３カ所（小水力発電所M、K小水力発電所、O小水力発電所）で合計494kWの設備容量を持ち、これらが生み出す地域付加価値は、20年間累計で146,300万円になる。一方、太陽光発電所は、２プロジェクト（Nおひさま太陽光発電所、道の駅太陽光発電所）で104kWの設備容量をもち、20年間累計で1,800万円の地域付加価値を生み出す。これらを足し合わせると、20年間累計で148,100万円（①）となる。

ここで、村内の電気の再エネ100％を達成するために、1.5MWの太陽光発電所を新たに設置するとしよう。太陽光発電の普及は近年飛躍的に進んでおり、それに伴って固定価格買取制度による調達価格も大きく下がってきているが、ここでは、新設にともなう導入費用も十分に下がり、既存のNおひさま太陽光発電所と同等の事業性で、地域付加価値を創造すると仮定する。

同様に前節による分析から、Nおひさま太陽光発電所では20年間の累計で、26万円/kW（≒1,300万円/48.64kW）の地域付加価値を創造することが明らかとなった。この事業と同等の水準で新規導入するとすれば、1.5MWの太陽光発電によって20年間累計で新たに39,000万円（≒1,500kW×26万円/kW）（②）の地域付加価値創造が見込まれる。

これらを合計すると、発電部門において20年間累計で187,100万円（＝①＋②）の地域付加価値が創造されると試算される。

【熱】

現在、村内には685kW（＝340kW＋170kW＋100kW＋75kW）の容量をもつ木質由来のバイオマス熱供給設備（薪ボイラー）がある。村役場によると、2020年度に運転開始予定の地域熱供給用木質バイオマスボイラー（400kW）が導入されれば、約1.1MW（≒685kW＋400kW）で村の熱需要の約40％を賄うことができるという。

つまり、村の熱需要を再エネ100％で賄うためには、総容量おおよそ2.7MW（≒1.1MW/0.4）あればよい。したがって、あらたに1.6MW（＝2.7MW－1.1MW）分のバイオマス熱供給システムがあればよいということになる。これまでの分析によって、現在運転中の薪ボイラー（685kW）が生み出す地域付加価値は、20年間累積で28,200万円と試算された。ここから、41.17万円/kW（≒28,200万円/685kW）（20年間累積）という値が得られる。

現在工事中のチップボイラー・地域熱供給事業（400kW）の事業でも、既存の薪ボイラー運用者と同一の熱供給事業者がオペレーションを行うと仮定し、同程度の水準で付加価値を生み出すとすれば、20年間累積で16,500万円（≒41.17万円/kW×400kW）の地域付加価値が創造されることになる。

これら、現在運転中の薪ボイラー（685kW）とチップボイラー・地域熱供給（400kW）の合計約1.1MWが生み出す地域付加価値は、20年間累計で44,700万円（③）となる。

100％再エネ化のために、将来新たに導入が必要な木質バイオマスボイラーを1.6MWとして、既存の薪ボイラーと同様の条件で地域付加価値創造額を求めると、20年間累積で65,900万円（≒41.17万円/kW×1,600kW）（④）となる。これらを合計すると、熱部門の再エネ100％によってもたらされる地域付加価値創造額は、20年間累計で110,600万円（＝③＋④）となる。

これまで、村レベルの電気と熱部門、それぞれの再エネ100％の達成のために必要な設備容量を割り出し、その達成によって見込まれる地域付加価値創造額をシミュレーションした。

電気部門については、現在運転・計画中の発電所に加え、新たに1.5MWの太陽光発電所を設立することで、再エネ100％を満たした場合、どの程度の地域付加価値が得られるかを試算した。その結果、既存の発電所を含み、20年間累積で187,100万円（⑤）の地域付加価値が創造されると試算された。

熱部門については、現在運転・計画中の木質バイオマス熱供給施設に加え、新たに1.6MWの木質バイオマス熱供給施設を新設することで、再エネ100％を達成した場合、どの程度の地域付加価値が得られるかを試算した。その結果、既存の薪ボイラーを含み、20年間累積で110,600万円（⑥）の地域付加価値が創造されると試算された。

表2　西粟倉の一般会計歳入　（単位：万円）

		平成30年度	平成29年度	増減額	比率
歳入総額		269,302	244,349	24,953	100
自主財源	村税	13,740	14,344	▲604	5.1
	その他自主財源（使用料、繰入金、諸収入など）	38,645	41,179	▲2,534	14.4
依存財源	村債（借入金）	59,250	39,040	20,210	22
	地方譲与税・交付金など	4,093	4,541	▲448	1.5
	地方交付税	120,116	111,942	8,174	44.6
	国庫支出金	19,738	19,370	368	7.3
	県支出金	13,720	13,933	▲213	5.1

（出所：「広報にしあわくら」平成30年５月号）

これらを合計すると、20年間累積で297,700万円（＝⑤＋⑥）の地域付加価値が創造されることになる。単純に単年ごとに割り戻すと、14,885万円/年（＝297,700万円/20年）という値が得られる。

このように、再エネ100％シナリオの構築を試みた結果、20年間累積で合計297,700万円の地域付加価値創造が得られると試算された。単年ごとに割り出せば、14,885万円/年ということになる。地域付加価値創造額は、従業員の可処分所得と事業者の税引き後利潤、地方税収の合計値であるから単純に比較することはできないが、その水準を認識するために平成30年度の西粟倉村の一般会計歳入を見ると、自主財源のうち村税は13,740万円、その他自主財源は38,645万円となっている（**表２**）。

電気部門に関しては、100％再エネ化の実現可能性が見えている状況にあることがわかった。ただし、太陽光発電のシステム価格の低下は今日著しい。今回はBAUシナリオとして、2015年運転開始の経験から得た付加価値額を適用しているものの、今日の状況を反映したような自家消費型オンサイト発電などの可能性が考慮されてもよい。

一方で、熱部門の再エネ100％化に関しては、現在導入・導入予定の倍以上の容量が必要になる。そのために、域内からバイオマス資源を調達可能かどうかについては精査が必要になる。また、これまでの導入・導入予定プロジェクトによって、村内のまとまった熱需要のある事業所等についてはほとんどカバーされることになる。今後、さらに分散化した熱需要を賄うためには、電気による熱供給の可能性等にも言及する必要があるだろう。

もう一つ、ヨーロッパを中心に、電気と熱と交通部門のセクターカップリングの議論がある。西粟倉村でも、村内に電気自動車の急速充電器を設置し、また導入助成補助金も準備しているが、その普及は現在のところ公用車を除いて極めて限定的である。自家用車の更新時期等を見極めながら、ユーザーにとって魅力的なインセンティブを与えるような施策が必要となってくる。

このユニットをとおして実施してきた再エネ100％化のBAUシナリオ構築と地域付加価値創造分析によって、ある程度の実現可能性と地域付加価値創造の水準を見ることができた。しかしながら、ここでの分析は、実際のシナリオ構築のたたき台を提示したに過ぎない。

再エネ事業は、実施するその自治体や地域自体が持続可能なシナリオと経済効果をもって、将来的に豊かになることが必要である。実施地域において、そこに住む人たちが望むような、より具体的かつ包括的な、独自の再エネ100％実現シナリオが構築され、実践されることが望まれる。

サマリー

先進的な地域では、どのような事業が行われており、どの程度の経済効果が得られているのか。岡山県西粟倉村における発電事業、熱供給事業によって確認した。安定した事業により経年ごとに付加価値は積み上がる。さらに再エネ100％シミュレーションによって、村税と同程度の付加価値創造が達成されることがわかった。

Questions

□**問題 1**　再エネ事業の地域付加価値創造分析では、技術毎に個別に試算をした上で、それらを総合化している。その理由はなぜか、説明しなさい。

□**問題 2**　あるコミュニティの電力需要を100％再エネ電力で賄おうとするシナリオを構築するとき、どのような単位を使うのが望ましいか、答えなさい。

□**問題 3**　再エネ100％を達成することは、地域経済に貢献すると言えるかどうか、検討しなさい。

セクション 3

再生可能エネルギー活用のための世界のイノベーション

Keywords
シュタットベルケ、ミュンヘン、CCA、カリフォルニア州、PPA

※1　ドイツ・ミュンヘン市のカーボンニュートラル戦略

バイエルン州の州都であるミュンヘン市は、80万世帯の家計、工業、企業、路面電車、地下鉄等の電力需要を抱えており、あわせて年間75億kWhの電力を消費している。一方、ミュンヘン市は野心的な気候環境保護目標を設定しており、それは、2025年までに、自前の再エネ発電システムによって、電力需要のすべてを賄う世界初の都市になることである。そのために、洋上風力発電を活用しようとしている。同市は、ドイツで最も重要な経済拠点の一つであり、同時にヨーロッパにおけるエネルギー利用の重要なベンチマークになる。

ミュンヘン市が大部分を出資するシュタットベルケ・ミュンヘンは、地産地消の発電所だけでなく、国内外の再エネプロジェクトに出資することで、市内需要のための再エネ電気を調達している。その再エネ電源には、遠くの洋上風力発電所も含まれている。

洋上風力発電は、太陽光発電のようにあらゆる場所でできるものではないから、その関心は、大規模な発電関連事業者や、日本でいうような「促進区域」に指定されるような地元の自治体等に限られるだろうか。必ずしもそうではない。ドイツでは、海から遠い南部のミュンヘン市が所有するシュタットベルケ・ミュンヘン（Stadtwerke München: SWM）を通して、洋上風力発電プロジェクトに出資することで、発電所を所有している。

シュタットベルケ・ミュンヘンは、ドイツ最大の自治体系のエネルギー供給会社であり、再エネ拡大のための新しいアプローチを採用している。この会社は、ミュンヘンとその周辺地域から活動を開始した。しかしまもなく、再エネ

図13　SWMが出資（所有）する再エネ発電所
（出所：Website SWM）

プロジェクトをより広いヨーロッパレベルにまで拡大する必要があることが明らかとなった。

再エネに積極的なミュンヘン市が所有するSWMは、ミュンヘン市およびその周辺地域に水力発電所（14箇所）を所有し、陸上風力発電所（２箇所）、地熱発電所（６箇所）、バイオガス発電所（１箇所）、太陽光発電所（33箇所）に出資している。ただし、100％再エネを目指すためには、これだけではミュンヘン市の電力需要を賄うことはできない。

SWMでは、このほかドイツ国内の洋上風力発電所（北海・３箇所）、陸上風力発電所（ブランデンブルグ州、ノルトライン=ヴェストファーレン州、ラインラント=プファルツ州、サグセン=アンハルト州）、太陽光発電所（バイエルン州、ザクセン州）に出資している。

さらに、国外の洋上風力発電所（イギリス）、陸上風力発電所（ベルギー、フィンランド、フランス、クロアチア、ノルウェー、ポーランド、スウェーデン）、太陽熱発電所（スペイン）にも出資している（**図13**）。以下、デンマーク国境に近い、ドイツ国内の北海の洋上風力発電所の一つであるDanTyskを概観する。

規模の大きな洋上風力発電所は、一つのプロジェクトで大きな成果を得ることができる。そのため、ミュンヘン市およびSWMの目標を達成するための明確なソリューションとして、SWMが洋上風力発電所に参画するアイデアが浮上した。広域的利用を勘案すれば、必ずしも電力消費地のすぐ近くで発電する必要はないからである。単純に、地域をまたぐ高圧送電網に接続すればよい。このシステムによって再生可能な電力を大規模に利用することができる。

その最たる例が、DanTysk洋上風力発電所である。ドイツとデンマークの国境に近いジルト島の西70㎞にあるこの発電所は、80基の3.6MW風車によって年間13億kWh発電する。この洋上風力発電所は2014年に設置され、同年12月にはじめて陸上に電力を送った。

DanTyskで発電された電力は、シュレースヴィヒ=ホルシュタイン州のビュッテルという町から系統にフィードインされる。この町は、ミュンヘンから800km以上離れている。それでもミュンヘンの電力需要家は、持続可能な発電による電力の恩恵を受けることができる。

これは、SWMにとって、化石燃料をはじめとする従来型電力から系統にフィードインされる電力量を大幅に減らすことを意味する。DanTyskはドイツ全国に40万世帯分の電力を供給することができる。このうち、ミュンヘン市にとっては25万世帯分の供給量があれば十分である。SWM社は、2015年、全世帯・公共交通に関して、100％再エネで賄うという中間目標を達成した。

DanTysk洋上風力発電所は、北海におけるドイツで最大規模の洋上風力発電所のひとつで、ドイツにおける大手電力会社バッテンフォール（Vattenfall）とシュタットベルケ・ミュンヘン（SWM）との合弁事業、ジョイントベンチャーである。SWMは、この洋上風力発電プロジェクトの49％を出資している。

Vattenfallは、特に北ヨーロッパでは、洋上風力発電は新しいエネルギーミックスへの移行の礎石のひとつになると考えている。電力供給事業者として多くの経験を持つSWMも同様に考えており、ビジネスパートナーとしての関係を積極的に推進し、双方にとって有利な状況（Win-Win Situation）を達成することを目的としている。

DanTysk洋上風力開発におけるパートナーシップでは、短期的ではなく、持続可能な結果を得るために協力することが重要であると合意された。DanTyskというプロジェクト名もまた、パートナーシップの国際性を表している。“DanTysk”は、“Danmark”と“Tyskland”の複合語である。これらはそれぞれデンマーク語で「デンマーク」と「ドイツ」を意味している。

日本の先進的な都市もまた、積極的な脱温暖化政策を議論しており、そのために再エネの大幅な導入促進を進めることが重要なのは言うまでもない。しかしながら、再エネ100％を2025年に自前の発電所で達成しようとする野心的なミュンヘン市と同様に、需要密度が高く大規模な都市部の電力需要のすべてを、市内およびその周辺地域からの地産の再エネ電源だけで賄うことは困難である。

その点において、日本の先進的な都市にとって、例えば洋上風力発電ポテンシャルの高い東北や北海道のプロジェクトに出資し、大手発電事業者との合弁事業（ジョイントベンチャー）とすることで、自らの発電所として所有するというスキームがあってもよいのではないだろうか。ヨーロッパにおける洋上風力発電事業（着床式）は、すでに従来型電源と価格競争できるようになっていることも重要である。

規模の大きな洋上風力発電事業は、初期投資額も大きくなる。しかしながら、洋上風力発電事業は環境的に持続可能なだけでなく、経済的にも利潤を生むものとして認知されようとしている。SWMに見られるような、地理的に離れた遠隔地の洋上風力発電所に投資するというビジネスモデルは、日本においても新たな都市経営のモデルになるのではないだろうか。

※2　アメリカ・カリフォルニア州の電力小売アグリゲーション

電力購入契約（PPA: Power Purchase Agreement）による、再エネ発電所開発の多くは、買い手企業が再エネ電力を引き取るオフテーカーとなって、プロジェクトを推進するような、コーポレートPPAが代表的である。オフテーカーとは、プロジェクトファイナンスを中心とする金融分野でよく使われる用語で、そのプロジェクトから生み出される財・サービスの買い手の事をいう。

一方で、PPAに関するアメリカの最近の動向を見ていると、再エネの買い手オフテーカーは企業だけでなく、CCA（Community Choice Aggregation）という主体によって、PPAを用いて発電プロジェクトのファイナンスをオフテークしているような事例も見受けられるようになってきた。

今日アメリカにおいて、CCAと呼ばれる主体による再エネ供給が増加している。ここでは、CCAがどのような主体で、どのような取り組みを行っているのかを概観したい。

CCAは、市（City）や郡（County）内の家計・企業・地方政府の電力需要を集約して電力を調達したり、発電事業者と協力して電源開発する。複数の市・郡が連携してCCAを設立する場合もある。中西部や北東部では、Municipal AggregationやGovernment Energy Aggregationと呼ばれることもあるが、自治体が主導するエネルギー供給という意味では、CCAと同様の形態として分類されることが多い。

CCAは、カリフォルニア州、イリノイ州、オハイオ州、マサチューセッツ州、ニュージャージー州、ニューヨーク州、ロードアイランド州、バージニア州で法的に認可されており、その他いくつかの州でも法案が検討されている。オハイオ州などのいくつかの州では、ガス需要をまとめて一括調達するアグリゲーションも行っている。

このように州法に基づいて設立されるCCAは、市営・郡営の小売電気事業者のような組織である。非営利公共機関（non-profit public agency）として運営される場合が多い。ではなぜ、このような州においてCCAを設立しているのだろうか。それは、CCAを通じて地方自治体と地域住民・企業が、さまざまな分野の目標を達成しようとしているからである。まず、競争的で安価な電力料金を得ることが目的とされる。CCAの電力料金は平均的に、各地の電力市場の状況と電源に応じて、大手ユーティリティと比べて2－20％節約しているという。

また、よりクリーンで、効率性に優れた電力供給に転換することが挙げられる。顧客（需要家）が契約メニューを選択する自由度や、ユーティリティから消費者を保護することなどに関して、ローカルなレベルで制御することも目的とされる。また、ローカルな雇用創出や電力レジリエンスの向上も目的とされる。ネットメータリング（余剰売電）・省エネ・屋根上の太陽光発電・地域コミュニティの資金を集めてメガソーラーに出資するようなコミュニティーソーラー・EVへのインセンティブ、デマンドレスポンス（DR）技術などの補完的なプログラムもCCAは提供している。そして何よりも、新規の再エネ発電所の開発が最も重要なポイントになる。

非営利の自治体所有のユーティリティ（Municipal Utility）は、伝統的な投資家所有のユーティリティ（IOU: Investor Owned Utility）よりも、平均して15－20％低い料金体系で、信頼性の高い電力供給を行うことができる。CCAはコスト効率性、経営の柔軟性、ローカルな意向を反映した制御を可能にする。しかし高価な電力インフラの資産を評価・購入・維持するといった、資本集約的な裾野の広い課題には直面しない。

CCAはその点において、多くの場合地域独占的なIOUと、自治体（もしくは組合）ユーティリティの間にあるような、ハイブリッドアプローチを提供している。CCAは、時として古くなったユーティリティの発送配電インフラを購入して維持するといった金銭的な問題を抱えることなく、電力供給（小売）と発電を制御するベネフィットを享受する。再エネ比率の高い電力を供給したい等、自らのイニシアティブでエネルギー供給を制御したいが、そのために大規模なユーティリティを所有することで、財政的・運営的な負担を望まない自治体にとっては、優れたオプションとなっている。

顧客（需要家）のCCAへの移行は、州法に応じてオプト・アウトまたはオプト・イン方式で実施される。オプトは顧客（需要家）による選択のことを指すが、ここでいうオプト・アウト方式は、自動的に移行されるCCAから、顧客が選択して脱退する方式を意味する。一方オプト・イン方式では、日本の新電力との契約方法と同様に、顧客が選択してCCAに加入することを意味する。

一般的に最も成功しているのは、オプト・アウト方式だといわれている。イリノイ州やオハイオ州では、地方レベルの住民投票が行われた後、顧客は自動的にCCAに登録される。カリフォルニア州などでは、地元の選挙で選ばれた市議会や郡委員会の代表者が、CCAの設立・参加を承認した後、顧客は自動的にCCAに登録される。

図14は、オプト・アウト方式を採用している、カリフォルニア州のMarin Clean Energy（MCE）の標準的な住宅向け料金プランを示している。もしこのCCA（MCE）がカバーする、ナパ郡・マリン郡・コントラコスタ郡・ソラノ郡内に住んでいるならば、何もしなくても自動的に“MCE Light Green”プラン

プラン名	MCE Light Green 61% 再エネ	PG&E（IOU） 39% 再エネ	MCE Dreen 100% 再エネ	MCE Local Sol 100% 地産太陽光
平均総額	**$ 128.56**	**$ 128.73**	**$ 133.56**	**$ 156.06**
必要な手続き	何もしなくてよい	PG&E にオプト・アウト	Deep Green にオプト・アップ	Local Sol にオプト・アップ

図14　Marin Clean Energyの住宅向け料金プラン
（出所：Website Marin Clean Energy（MCE）as of Apr. 2020）

に加入することになる。顧客が、もしこのプランにどうしても不満があるようであれば、料金は少し高くなり再エネ比率も下がるが、既存IOUのPG&Eのプランにオプト・アウト（OPT OUT）することができる。

また、100％再エネの電力を希望するならば “MCE Deep Green” プランに、さらに地産の太陽光100％にこだわるのであれば “MCE Local Sol” プランに、料金は高くなるが、オプト・アップ（OPT UP）することもできる。

一方で、オプト・イン方式は自発的なCCA参入方法ではあるが、手間が掛かる分、どうしても参加率は低くなる。その結果、需要量の規模の経済性が働かないことで、CCAグループによるエネルギー調達の価値は低くなり、経済的な優位性を持つことが困難になる。その点において、オプト・アウト方式の方が、CCAグループによる効果的なエネルギー調達を可能にすると言える。

もちろん顧客（需要家）はいつでも、かつてのユーティリティ（IOU）との契約にオプト・アウト（CCAからスイッチング）することはできる。顧客の選択は自由であるが、CCAからのオプト・アウト率は３－８％で、多くのプログラムでは５％未満と非常に少ない。CCAの顧客は、CCAが提供する100％再エネプログラムなど、さまざまな追加的なオプションを楽しんでいるという。

CCAは、既存のユーティリティ（多くの場合IOU）とのパートナーシップによってエネルギーを供給するモデルである。CCAは、発電事業者からの電力調達・需給調整、顧客とのコミュニケーションを担当する。IOUをはじめとする既存のユーティリティは、電力系統のメンテナンス・発電所から需要家に電力

BOX 4 **ネットメータリング**

日本では、家庭用の屋根上太陽光発電システムを導入するとき、売電用のメーターと買電メーターの二つを設置することになり、売電用メーターから余剰電力の売電量を測定する。一方アメリカでは、メーターは一つだけであり、発電して配電系統に逆潮流する量が自家消費量を超えるとマイナス値を示し、逆に自家消費量が多く順潮流になる場合はプラス値を示す。これらを相殺して検針・精算する方法を、ネットメータリングと呼ぶ。ネットメータリングでは、検針期間ごとに売電量と買電量が相殺されて精算されるため、瞬時の売電量・買電量はカウントされない。そのため、実際には瞬時に電力系統から買電していたとしても、その量は顕在化しないため、その量に課金されるべき託送料（配電系統使用量）は支払わなくてもよいことになってしまう。配電事業者の経営にとっては減収となってしまい、また太陽光発電システムなどの売電設備をもたず、買電量から託送料を支払っている顧客からも不公平感が生じており、ネットメータリング制度の見直しがしばしば議論されている。

を送る託送、検針・請求書の作成や集金、その他顧客サービスなどを継続して行う。省エネプログラムやネットメータリング（余剰売電）プログラムは、CCAとIOUの両方による共同作業となる（**表3**）。

CCAは、政府からの補助金を受けることなく、料金収入が基本となる。したがって、自立して経営することになる。つまり、顧客が発電事業者やIOUに支払う電力料金は、統合されてローカルなCCAに支払われ、CCAグループの電力調達をサポートするように振り向けられる。IOUには託送料（Electric Delivery）のほか、検針・料金請求・集金代行にかかる追加手数料（Additional Charges）が支払われる（**表4**）。

アメリカでは、送電系統の運用を分離して小売を全面自由化している自由化州と、発電・送電・配電・小売事業を地域独占的な垂直統合型を維持している州がある。現在13ある自由化州では、発電と送配電が機能分離されている。この状況では、既存のユーティリティの送配電の役割は確立されており、小売部門の競争もすでに存在する。こうした州では、既存のユーティリティは、CCAコミュニティと喜んでパートナーシップを結ぶ。小売電気事業者は、CCAによる電力調達の市場価値を理解しており、顧客獲得において戸別レベルで競争す

表3　CCAとIOUの役割分担（カリフォルニア州の例）

	CCAs	IOUs
発電		
発電所からの電力調達	✓	
需給調整	✓	
配電		
系統整備		✓
電力供給		✓
取引		
検針・請求		✓
コミュニケーション	✓	✓
統合型需要家側エネルギー源		
省エネ	✓	✓
ネットメータリング（余剰売電）	✓	✓

（出所：UCLA Luskin Center for Innovation（2017）based on California Public Utilities Commission（2014））

るのではなく、自治体レベルのCCA単位で競争することになる。

あるユーティリティが地域独占状態を保っているような、部分的な自由化州における電力市場では、CCAに対する反応は好意的ではない。しかし、CCAにの電力料金には、コスト回収賦課金（または、退出料金）と呼ばれる追加費用が課され、IOUへ支払われる。このメカニズムを用いて、IOUは損失する費用を回収できる（**表4**）。いずれにしても、送配電インフラの所有権と託送事業、その送配電施設インフラを管理する電力系統管理事業、料金請求および顧客サービス機能は、既存のユーティリティに残る[31]。

ここでは、アメリカにおいて導入が進んでいるCCAの動向について概観した。CCAの特徴をまとめるとすれば、それは自治体レベルのローカルな管理下のもとで、再エネ比率の高いクリーンなエネルギーを、競争的に安価な価格で供給（小売）するための主体ということになるだろう。CCAは、競争的な価格で追加的な再エネを獲得するために、PPAを盛んに用いながら、蓄電池を含む再エネ電源開発を積極的に行っていることは、カリフォルニアの例が象徴的に示している。

表４　カリフォルニア州における CCA の小売料金例

CCA エリア	CleanPowerSF		Lancaster Choice Energy		Marin Clean Energy		Sonoma Clean Power	
プラン名	PG&E（IOU）	Green（CCA）	SCE（IOU）	Clear Choice（CCA）	PG&E（IOU）	Light Green（CCA）	PG&E（IOU）	Clean Smart（CCA）
再エネ比率料金	（30% 再エネ）	（40% 再エネ）	（25% 再エネ）	（35% 再エネ）	（30% 再エネ）	（50% 再エネ）	（30% 再エネ）	（36% 再エネ）
発電料	$27.55	$19.14	$50.54	$43.09	$43.78	$32.04	$49.33	$36.21
託送料（PG&E）	$43.51	$43.51	$85.00	$81.93	$61.75	$61.75	$71.03	$71.03
追加費用（退出料金含む）	$4.66	$13.00		$10.16		$13.25		$12.16
合計	$75.72	$75.65	$135.54	$135.18	$105.53	$107.04	$120.36	$119.40
試算条件	280 kWh on E-1 Rate		676 kWh on Schedule D Rate		445 kWh on E-1 Rate		510 kWh on E-1 Rate	

（出所：O'Shaughnessy et al.,（2017））

IRENA(19)などでは、世界中で人気が高まっているCCAの例として、日本における自治体新電力も挙げられている。群馬県中之条市が60％所有する中之条電力では、町営の太陽光発電システムから電力を購入し、IOUの東京電力よりも安い料金で、学校やコミュニティセンターなど30の公共施設に小売販売している。また、山形県においても、やまがた新電力によるCCAが設立されたと紹介されている。料金請求・集金については、日本における自治体新電力は料金請求等を自前で行っている一方で、アメリカにおける多くのCCAがこの業務をユーティリティに任せている点で違いがある。

こうした日本の自治体新電力の多くは、再エネの地産地消を掲げてビジネスをスタートしているが、多くの顧客を獲得し、成功している自治体新電力ほど、再エネ電力の調達に苦労していることだろう。日本でも、まだまだ新しい再エネ発電所が必要である。そのために、日本でも自治体レベルの地域の家計・企業・政府部門の需要をアグリゲート（集約）して、比較的ハードルの低いPPAを活用しながら、新たな再エネ発電所の設立を、需要側から働きかけるべき時代がやってきているのではないだろうか。

BOX 5 カリフォルニア州のCCA

カリフォルニア州では、2002年に州議会によってCCAの設立を承認し、それ以来、21のCCAが州内で発足している。州内のCCAは、2016年にCALCCAをいう組織を構成し、カリフォルニア公益事業委員会（California Public Utility Commission）、カリフォルニア州エネルギー規制委員会（California Energy Commission）、カリフォルニア州大気資源局（California Air Resources Board）など州の規制機関に、州内のCCAを代表して参加している。

カリフォルニアのCCAは、州内外に新しい再エネ発電所への投資を順調に進めている。これまでに、主として10年間以上の長期電力購入契約（PPA: Power Purchase Agreement）を通じて、3,600MW以上の再エネ発電容量を獲得している。その内訳は、新規太陽光発電が2,369MW、新規風力発電が978MW、新規蓄電池が240MW、新規地熱発電が14MW、新規バイオガス発電が12MWとなっている（Website CALCCA　as of Apr.2020）。

このように、カリフォルニアにおけるCCAは、PPAを用いて積極的に発電所の開発を行っている。太陽光発電や風力発電のシステムコストは大きく低下しているとはいえ、発電ディベロッパに建設時にかかる巨額の費用を、PPA契約によってCCAがオフテイクしていることがよく分かる。また、変動性の再エネ発電所だけでなく、かなり大きな規模で蓄電池の導入が進んでいることも、気候変動対策に熱心なカリフォルニア州の特徴を示しているといえるだろう（Website CALCCA CCA Renewable Long-Term Power Purchases as of Nov. 2019）。

サマリー

域内の再エネ資源賦存量の制約や需要密度の高さ等の地域特性によって、域内需要を賄えない場合でも、域外からの調達によって自治体コミュニティの脱炭素化を進めることも可能である。そのアイデアは、ドイツのシュタットベルケやアメリカのCCAの取組が示唆に富んでいる。

Questions

□**問題1**　すべてのあらゆる自治体コミュニティは、電力の地産地消にこだわるべきかどうか、考えてみなさい。

□**問題2**　域外から再エネ電力を調達することで自治体コミュニティの脱温暖化を実現しようとするとき、どのような選択肢が考えられるか、述べなさい。

<参考文献>
(1) 小川祐貴・ラウパッハ スミヤ ヨーク“再生可能エネルギーが地域にもたらす経済効果 ～バリュー・チェーン分析 を適用したケーススタディ～”、環境科学会誌、Vol.31 No.1、pp.34-42、(2018)
(2) 小長谷一之・前川知史「経済効果入門－地域活性化・企画立案・政策評価のツール－」、日本評論社、(2012)
(3) 山東晃大“地熱発電における地域経済付加価値創造分析”財政と公共政策Vol.39 No.2、pp.121-130、(2017)
(4) 中村良平・中澤純治・松本明“木質バイオマスを活用したCO_2削減と地域経済効果：地域産業連関モデルの構築と新たな適用”、地域学研究、42巻4号、pp.799-817、(2012)
(5) 中山琢夫「エネルギー事業による地域経済の再生：地域付加価値創造分析の理論と実践」ミネルヴァ書房、(2021)
(6) 中山琢夫“再エネが農山村にもたらす経済的な力”、科学、岩波書店、Vol.88 No.10、pp.997-1004、(2018)
(7) 中山琢夫“再生可能エネルギーで山間地域に所得1%を取り戻せるか？”「財政と公共政策」60、pp.3-17、(2016)
(8) 中山琢夫・ラウパッハ スミヤ ヨーク・諸富 徹“分散型再生可能エネルギーによる地域付加価値創造分析”、環境と公害、岩波書店、45(4)、pp.20-26、(2016)
(9) 中山琢夫・ラウパッハ スミヤ ヨーク・諸富 徹“日本における再生可能エネルギーの地域付加価値創造－日本版地域付加価値創造分析モデルの紹介、検証、その適用－”、サステイナビリティ研究、6、pp.101-115、(2016)
(10) 中山琢夫他（BスタイルPJ研究グループ）“薪からはじめる小規模システムの経済効果分析-地域主体のシステムづくり”、「木質バイオマス熱利用でエネルギーの地産地消」、全林協、118-135、(2016)
(11) 中山琢夫“地域経済研究：限界集落にひそむ持続可能な資源”諸富徹監修「エネルギーを変える22の仕事」、学芸出版社、pp.185-192、(2015)
(12) 村上周三・遠藤健太郎・藤野純一・佐藤真久・馬奈木俊介「SDGsの実践-自治体・地域活性化編」、事業構想大学院大学出版部、(2019)
(13) 諸富 徹 編著「入門 地域付加価値創造分析-再生可能エネルギーが促す地域経済循環」、日本評論社、(2019)
(14) 諸富 徹“再生可能エネルギーで地域を再生する：「分散型電力システム」に移行するドイツから何を学べるか”、世界、岩波書店、2013.10、pp.153-162、(2013)
(15) ラウパッハ スミヤ ヨーク・中山琢夫・諸富 徹「再生可能エネルギーが日本の地域にもたらす経済効果：電源毎の産業連鎖分析を用いた試算モデル」諸富 徹 編著「再生可能エネルギーと地域再生」、日本評論社、pp.125-146、(2015)
(16) BMVBS (Bundesministerium für Verkehr, Bau und Stadtentwicklung) (2011) Strategische Einbindung regenerativer Energien in regionale Energiekonzepte - Wertschöpfung auf regionaler Ebene. https://www.bbsr.bund.de/BBSR/DE/Veroeffentlichungen/BMVBS/Online/2011/DL_ON182011.pdf?__blob=publicationFile&v=2
(17) Heinbach K, Aretz A, Hirschl B, Prahl A, Salecki S (2014) Renewable energies and their impact on local value-added and employment. Energy, Sustainability and Society 4 (1): 1-10
(18) Hirschl B., Aretz. A., Prahl A., Böther T., Heinbach K., Pick. D, Funcke S. (2010) Kommunale

Wertschöpfung durch Erneuerbare Energien, Schriftenreihe des IÖW 196/10, Institut für Ökologische Wirtschaftsforschung

(19) IRENA (2017)"CLIMATE CHANGE AND RENEWABLE ENERGY: NATIONAL POLICIES AND THE ROLE OF COMMUNITIES, CITIES AND REGIONS", https://www.irena.org/-/media/Files/IRENA/Agency/Publication/2019/Jun/IRENA_G20_climate_sustainability_2019.pdf
NATIONAL POLICIES AND THE ROLE OF COMMUNITIES, CITIES AND REGIONS"

(20) Hoppenbrook C, Albrecht AK (2009) Diskussionspapier zur Erfassung der regionaler Wertschöpfung in 100%-EE-Regionen, DEENET (Hrsg.), Arbeitsmaterialien 100EE, Nr. 2, http://www.100-ee.de/downloads/schriftenreihe/?eID=dam_frontend_push&docID=1140

(21) IfaS (Institut für angewandtes Stoffmanagement), DUH (Deutsche Umwelthilfe e.V.)(2013) Kommunale Investitionen in Erneuerbare Energien – Wirkungen und Perspektiven. http://www.stoffstrom.org/fileadmin/userdaten/dokumente/Veroeffentlichungen/2013-04-04_Endbericht.pdf

(22) Kosfeld R., Gückelhorn F. (2012)Ökonomische Effekte erneuerbarer Energien auf regionaler Ebene. Raumforsch Raumordn 70:437-449. https://link.springer.com/article/10.1007%2Fs13147-012-0167-x

(23) O'Shaughnessy, E., Heeter, J., Cook, J., and Volpi, C. (2016) "Status and Trends in the U.S. Voluntary Green Power Market (2016 Data)", National Renewable Energy Laboratory, Technical Report, NREL/TP-6A20-70174

(24) Porter M. E. (1985)Competitive Advantage: Creating and Sustaining Superior Performance, Free Press, NY

(25) Raupach-Sumiya J., Matsubara H., Prahl A., Aretz A., Salecki S. (2015) Regional economic effect renewable energies-comparing German and Japan, Energy, Sustainability and Society 5:10, a Springer Open Journal, DOI 10.1186/s13705-015-0036-x

(26) Raupach-Sumiya J. (2014)Measuring regional economic value-added of renewable energy – the case of Germany. Shakai Shisutemu Kenkyu (Social System Study), Vol. 29. Ritsumeikan University BKC Research Organization of Social Sciences Kyoto pp 1-31

(27) UCLA Luskin Center for Innovation (2017)"THE PROMISES AND CHALLENGES OF COMMUNITIY CHOICE AGGREGATION IN CALIFORNIA", https://innovation.luskin.ucla.edu/wp-content/uploads/2019/03/The_Promises_and_Challenges_of_Communitiy_Choice_Aggregation_in_CA.pdf

(28) Website CAL CCA, https://cal-cca.org/cca-impact/, final accessed on Oct. 28, 2021

(29) Website Marine Clean Energy (MCE)
https://www.mcecleanenergy.org/residential/ final accessed on Apr.20, 2020

(30) Website Stadtwerke München (SWM)
https://www.swm.de/energiewende/oekostrom-erzeugung, final accessed on Oct.28 2021

(31) Website US LEAN, https://www.leanenergyus.org, final accessed on Oct.28, 2021

第 4 章

地域エネルギー事業を通じた脱炭素化

セクション 1

変化するビジネスモデルとプレーヤー

セクション 2

太陽光発電による地域エネルギー事業

セクション 3

各種の地域エネルギー事業

セクション 4

地域新電力との統合

この章の位置づけ

都市の脱炭素化を進める上で、各地で再生可能エネルギーや省エネルギー事業を実際に導入する事業（ビジネス）が大幅に増えていくと考えられる。その際に、脱炭素や地域経済循環に加え、地域の課題解決や合意形成まで視野に入れた地域主体によるエネルギー事業＝地域エネルギー事業が果たしうる役割は大きい。日本の地域エネルギー事業は2000年代に太陽光発電や風力発電を中心にその萌芽が見られた。今では小水力発電や木質バイオマス熱利用、電力小売などを扱う地域エネルギー事業もある。今後も制度環境や技術の変化に応じて新しいビジネスモデルを取り入れていくことで、地域エネルギー事業は脱炭素と持続可能性を推進する地域の核になりうる。

本章では、そうした可能性を持つ地域エネルギー事業に関わっている方やこれから関わりたいと考えている方に向け、これまでの地域エネルギー事業についてビジネスモデルやプレーヤー、関連制度の概況、事例も含めて実務面からまとめる。さらに、地域エネルギー事業の課題や今後の発展の可能性についても整理する。

この章で学ぶこと

セクション1　変化するビジネスモデルとプレーヤー

再生可能エネルギーの世界的なコスト低下、FIT法施行や電力小売全面自由化などの外部環境の変化に応じて、地域エネルギー事業も常に変化している。地域エネルギー事業のビジネスモデルやプレーヤー、課題について解説する。

セクション2　太陽光発電による地域エネルギー事業

多くの地域エネルギー事業で行われている太陽光発電事業を取り上げる。関連制度の概況、事例、需要とつなぐビジネスモデルについて紹介する。

セクション3　各種の地域エネルギー事業

風力発電や木質バイオマス熱利用、小水力発電などに取り組む地域エネルギー事業もあるため、それぞれの事例について紹介する。

セクション4　地域新電力事業との統合

電力小売全面自由化を契機として、自治体と連携した地域新電力が増え、地域エネルギー事業の領域を広げた。新電力事業の概要や地域での事例、今後の可能性について紹介する。

セクション 1

変化するビジネスモデルとプレーヤー

Keywords
地域エネルギー事業、FIT法、系統連系、合意形成、リスク

❋1　地域エネルギー事業とは

世界的に脱炭素へ向けて大規模集中型から分散・ネットワーク型へのエネルギー転換が進む中、日本でも再生可能エネルギー事業が急拡大している。その中には、コベネフィット（第2章参照）の考え方を取り入れた「脱炭素や経済効果と同時に地域の課題解決に取り組む地域主体の再生可能エネルギー事業および省エネルギー事業」も多く見られる。そうしたエネルギー事業をここでは地域エネルギー事業と呼ぶ。大手資本による大規模な再生可能エネルギー事業や街区開発は増えているが、本章では多くの地域で内発的に実現できうる地域主体による再生可能エネルギー事業に焦点を当てる。

諸富（2015）は、「地域住民や地元企業がお互い協力して事業体を創出し、地域資源をエネルギーに変換して売電事業を始めることで、地域の経済循環を作り出して持続可能な地域発展を目指す試み」を「エネルギー自治」と呼び[(1)]、その意義は温室効果ガスの削減、自然資本の維持管理、地域経済の持続的な発展などにもつながると指摘している。この考え方は地域エネルギー事業と重なる要素が多い。

地域エネルギー事業の考え方は国際的にも見られる。世界風力発電協会（World Wind Energy Association: WWEA）コミュニティパワー部会は以下の3項目のうち2つ以上を満たすものをコミュニティパワー事業[(2)]と定義し、国際再生可能エネルギー機関（International Renewable Energy Agency: IRENA）の報告書ではコミュニティ・エナジー[(3)]として定義しており、地域エネルギー事業の考え方の基礎となっている。

1） 地域の利害関係者が事業の大半もしくは全てを所有している
2） コミュニティに基礎を置く組織が事業の過半数の投票権を持っている
3） 社会的・経済的便益の大半が地域に分配される

またIRENAの別の報告書では、コミュニティ・エナジーは包括的なエネルギー転換を助けるものとして、以下の便益を挙げている[4]。

① 投資、雇用、福祉増進を通じて社会経済的な価値を加える
② エネルギーコストの低下と価格の安定性向上によりエネルギーセキュリティが向上する
③ 市民主体のイノベーションにより再生可能エネルギーへのアクセスが強化される
④ エネルギーシステムへのより幅広い参加が可能となる

地域エネルギー事業の源流の一つに、デンマークでの1980年代から1990年代にかけての風力発電事業が挙げられる。もともと協同組合の伝統を持つデンマークでは、陸上風力発電についても地域住民による協同組合事業が多数行われた（都市の脱炭素化事例集第2部第3章も参照）。なかでもデンマークの中心に位置するサムソ島は、1997年から島民による出資や地域金融機関の融資を用いて陸上風力、バイオマス熱利用や太陽熱利用による地域熱供給（**図1**）、欧州でも初期の洋上風力発電（**図2**）を導入し、10年余りで脱炭素を達成し

図1　サムソ島の木質バイオマス熱生産施設

図2　サムソ島沖の洋上風力発電

た。他にもドイツのシュタットベルケ（都市公社）やエネルギー協同組合も地域エネルギー事業の事例と言える。

※2 地域エネルギー事業の変遷

日本の地域エネルギー事業の歴史は、2000年代の萌芽期と2010年代の発展期に分けられる。2011年3月の東日本大震災および東京電力福島第一原子力発電所事故と2012年7月の「電気事業者による再生可能エネルギー電気の調達に関する特別措置法」（FIT法）の施行を境として、再生可能エネルギーをとりまく状況が大きく変わったためである。これらの出来事は国内の再生可能エネルギーへの注目度を一気に高めた。さらに、FIT法は再生可能エネルギー由来の電気を小売電気事業者が固定価格（調達価格）で買い取る仕組であり、太陽光を中心に採算性が取れるビジネスとして広く認識されるようになった。

2000年代の地域エネルギー事業の代表例として、市民出資（市民ファンド）を用いた北海道や東北地域での市民風車と長野県飯田市での太陽光発電と省エネルギーを組み合わせた事業がある。これらの事業は、現在より再生可能エネルギーのコストが高く、FIT法施行前で売電単価も相対的に低い状況ではあったが、専門家の支援や補助金を活用して成立させ、現在の地域エネルギー事業につながる基礎となった。

市民風車とは、市民出資などの市民参加手法を通じて設立された風力発電を指す。2001年に北海道グリーンファンドや環境エネルギー政策研究所が事業スキーム構築に関わった北海道浜頓別町の990kWの風力発電（愛称：「はまかぜ」ちゃん）をはじめ、市民風車は現在では20件を超え、順調に稼働している[(5)]（風力発電事業についてはセクション3）。

市民出資手法にはいくつもの種類があるが、代表的なものとして匿名組合出資による出資スキーム（**図3**）が挙げられる。このスキームでは、金融商品取引法の第二種免許を持つ営業者が多数の市民から匿名組合契約により10万円～50万円の出資を受け、再生可能エネルギー事業に融資を行う。この他に市民からの資金調達方法には、私募債や信託などの手法があり、近年はクラウドファンディングも選択肢の一つとなっている。

飯田市での事例は太陽光発電による地域エネルギー事業のパイオニアであ

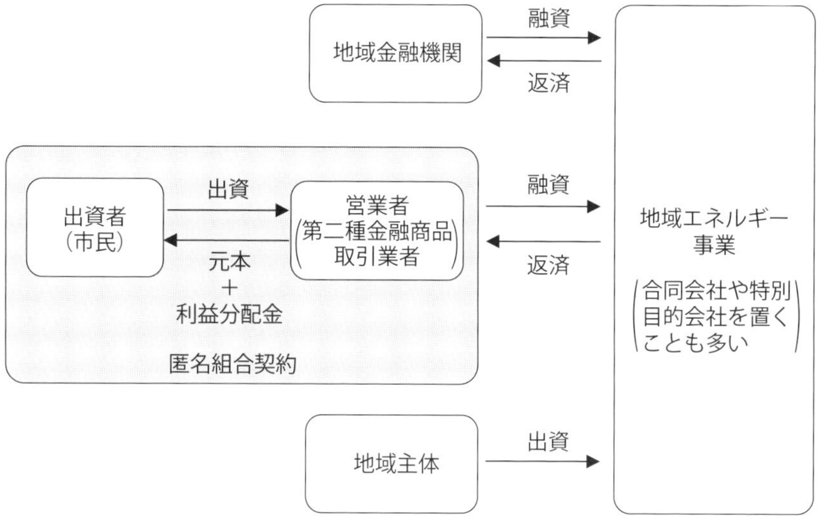

図３　匿名組合契約による市民出資スキームの例

る。飯田市は長野県の最南端に位置し、南アルプスと中央アルプスの間を天竜川が流れる人口約10万人の地域である。2004年に飯田市は環境省の補助事業に採択され、環境エネルギー政策研究所などの支援を受けながら地域のNPOメンバーを中心とした「おひさま進歩エネルギー有限会社」（後に株式会社、以下、おひさま進歩）の立ち上げに至った。

おひさま進歩は全国からの市民出資を活用し、公共施設での太陽光発電と省エネルギー改修を組み合わせた事業を企画した。飯田市は20年間の公共施設の屋根貸しと固定価格での電気買取りを保証し、事業を支えた。その結果、計36カ所、設備容量合計208kWの太陽光発電を公立保育園や地域センターなどに設置することができ、市立美術館での省エネ事業と合わせて画期的な地域主導型・市民参加型の地域エネルギー事業モデルを生み出した。その後もおひさま進歩は大規模太陽光発電事業や初期投資不要の「おひさま０円システム」などを展開した。2020年６月時点までに市民出資を活用して設置されたおひさま発電所は、南信州地域を中心に368ヶ所、設備容量合計は7,767kWとなっている(6)。年間発電量は8.2GWh、CO_2削減量は3.5tと推計している。

前述した東日本大震災や東京電力福島第一原子力発電所事故、FIT法の施行は、地域エネルギー事業にも大きな影響を与えた。ポジティブな意味では、地域の行政、企業、NPOなどがエネルギー転換の重要性と可能性を認識する機会となり、新たな地域エネルギー事業が全国各地で始まった。一方、FIT法初期の高額の調達価格により、太陽光発電を中心に大規模化と外部開発の波が押し寄せ、警戒感が広がった地域もあった。

その後調達価格の段階的引き下げや後述する系統連系問題等もあり、新たな発電事業の立ち上げは難しくなっていったが、2016年4月に電力小売全面自由化が実施され、新たな機会が生まれた。自由化により、一般家庭や小規模事業所を対象とした電力の小売が可能となったことで、地域エネルギー事業体の中にも電力小売事業に挑戦する取り組みが現れた。地域のガス会社やケーブルテレビ事業者などが地域エネルギー事業に参入する事例も増えた。また近年ではRE100[a]や再エネ100宣言RE Action[b]といったイニシアチブに見られるように再生可能エネルギーの電気を選択する企業が増えてきたため、需要側とつなげる取組も活発になっている。

おひさま進歩もこうした事業環境の変化に対応し、小水力発電事業の開発や地域新電力「飯田まちづくり電力株式会社」の設立を行った。

2020年のカーボンニュートラル宣言、2021年10月の第6次エネルギー基本計画、2022年4月の改正温暖化対策法などが示すように、地域主導のエネルギー転換の必要性は高まっており、地域エネルギー事業が果たしうる役割も大きくなっているが、課題も多い。

3　地域エネルギー事業の課題

地域エネルギー事業は第1項で述べたような便益を地域にもたらす可能性があるものの、概して小規模な主体であること、人材や専門性が不足しがちであること、資金調達が難しいことなどの特有の課題がある。それらを克服するために、地域エネルギー事業体がネットワークを形成し、種々の課題やリスク、

---

a　世界的な企業が事業で使用する電力の再生可能エネルギー100％化を目指す協働イニシアチブ。https://japan-clp.jp/climate/reoh

b　企業、自治体、教育機関、医療機関等が使用電力を100%再生可能エネルギーに転換する意思と行動を示し、再エネ100％利用を促進する枠組み。https://saiene.jp

制度変更に対応していくことは有益である。そのようなネットワーク団体として、地域エネルギー事業体を多く含む一般社団法人全国ご当地エネルギー協会や、地域新電力が集まる一般社団法人ローカルグッド地方創生機構などがある。また再生可能エネルギー源に応じたネットワーク団体もあり、ガイドラインなどを提供しているため、情報収集の参考になるだろう。

地域においては他にもさまざまな課題があるが、現在地域エネルギー事業体が直面する大きな政策的課題として以下の3つが挙げられる。

第一に、FIT、後述する入札制度、FIP制度などは規模や経済効率性を重視しているため、新たに地域エネルギー事業を始めるにはハードルが高くなっている。環境省の脱炭素先行地域（都市の脱炭素化事例編第4部第4章も参照）のような地域からの脱炭素化の支援政策が今後増えていくと考えられるため、そうした支援策を有効に活用したい。

第二に、太陽光発電や風力発電といった変動性再生可能エネルギー導入の大きな障壁となっている系統連系問題[7]がある（都市の脱炭素化事例編第1部第4章も参照）。主な系統連系問題としては、いわゆる「空き容量ゼロ」として太陽光発電や風力発電の導入ができない地域が多くあること、系統容量に空きはあるものの接続負担金が高額となり事業性がなくなるケースがあること、さらに九州地域では系統連系はできるものの出力抑制により事業性が見通しにくくなることが挙げられる。2022年4月上旬には東北、四国、中国エリアでも出力抑制が行われた。大規模事業者であれば系統制約の少ない地域を選ぶこともできるが、地域エネルギー事業は地域に根付いているからこそ、簡単に他地域での事業を進めるわけにはいかないという難しさがある。系統連系問題には広域系統整備、系統運用方法の変更、系統柔軟性の確保など様々な論点があり、解消には時間がかかる。

第三に、コラムに示したような地域トラブルの増加により地域住民および地方自治体の再生可能エネルギー事業への受容性が下がり、規制政策が増えていることである。太陽光発電や再エネの設置を制限する条例を新設した自治体は140以上に増加している。今後は、適切な設置区域を定めるポジティブ・ゾーニングを地域で進めていくことが必要であり、改正温対法に基づく再生可能エネルギーの「促進区域」の設定が鍵を握る。「促進区域」は地域で脱炭素化を

BOX 1　再生可能エネルギーの地域トラブル

FIT法導入を契機として、特に太陽光発電の導入が全国で急速に進み、太陽光発電に関わる地域トラブルが発生している。ここで地域トラブルとは、事業開発段階および運営段階において事業者と住民や各種団体、行政の間で合意が形成されず、住民運動や行政からの指導を受ける事例を指す。

「太陽光発電」「反対」をキーワードとして全国紙および地方紙47紙の記事検索を行ったところ、数百kWの中規模から数十万kW以上の大規模まで含めて、地域トラブルは2021年末までに163件確認された（**表1**）。地域別では、長野県（27件）、山梨県（11件）、静岡県（9件）で多くの地域トラブルが報道されている。これは日射量が多く、開発対象となりやすい山林や共有地が多いことが主な要因と考えられる。

地域トラブルの理由は複合的であるが、自然災害発生への懸念（97件）、景観悪化への懸念（69件）、生活環境への影響の懸念（52件）、自然保護への懸念（41件）、その他（40件）の順に多い。山林や傾斜地での太陽光発電開発にまつわるトラブルが多いことから、水害や土砂の流出を含む自然災害発生への懸念が多い。

風力発電やバイオマス発電でも地域トラブルは発生している。こうした地域トラブルの要因は様々であるが、大規模な事業になるほど外部開発型の事業の割合が多くなることも影響していると考えられる。外部開発型の事業では地域へのメリットは限定的であり、デメリットやリスクが地域に残る。こうした負の外部性を地域にもたらす構図が、地域の受容性を低下させている可能性がある。地域エネルギー事業を進める上ではこうした地域トラブルを反面教師とし、地域に受容されるエネルギー事業を増やしていくことが求められる。環境省が作成した太陽光発電の環境配慮ガイドライン(9)も参考となる。

表1　地域トラブル報道案件数上位10都道府県

順位	都道府県名	地域トラブル報道案件数
1	長野県	27
2	山梨県	11
3	静岡県	9
3	三重県	9
3	兵庫県	9
6	高知県	8
7	茨城県	7
7	栃木県	7
7	大分県	7
10	岩手県	6
—	その他地域	63
—	全国合計	163

目指す事業の対象となる区域であり、再生可能エネルギー導入目標の実現に向け、国や都道府県が設定する環境配慮のルールを踏まえ、ステークホルダー間で議論を行ないながら市町村が設定する区域であり、再生可能エネルギー導入に関する地域の合意形成を促す仕組みの一つとなりうる[8]。

個別のエネルギー事業についての課題はセクション２以降で述べる。

４　地域エネルギー事業のプロセス

地域エネルギー事業のプロセスはその時々の外部環境やエネルギー源によっても異なるため、一般化することは難しいが、実務的な要点として以下の５点を挙げる。

①　立ち上げ・合意形成

②　事業の組立

③　ファイナンス

④　行政との協働

⑤　事業の継続・展開

①立ち上げ・合意形成は地域エネルギーの最初の段階であり、最も重要と言える。必ずしもエネルギーの専門家が地域に最初からいるわけではなく、事業者や環境NPOが中心となり専門家の支援を受けながら事業を始めることは可能である。また首長や行政が初期に旗振り役となることはあるが、事業を実際に進めることを考えて民間の人材が実行役となることが多い。地域で信頼されている地域主体が中心となり、地域協議会のような開かれた議論の場を設けることで利害関係者との合意形成も得やすくなる。ただし、どの事業も長いプロセスの中で紆余曲折があるため、利害関係者間で「なぜ、誰のためにこの事業を行うのか、エネルギーを通じて地域の未来にどう貢献するのか」という事業コンセプトを共有することが極めて重要である。

②事業の組立は、初期調査・分析、事業企画、事業化可能性検討調査を通じて行い、平行して事業主体の設立を行うこともある。ここで重要なことはあくまで事業として内部収益率（Internal Rate of Return: IRR）や負債比率（DE比率）のようなビジネス的な指標を用いて事業化の可否を判断することである。

③ファイナンスは、地域エネルギー事業に常につきまとう課題である。2010年代に入り、再生可能エネルギー事業に対して動産・債権担保融資（Asset Based Lending: ABL）やプロジェクトファイナンス風の仕組みが増えたが、地域金融機関では従来の慣習から代表者の個人担保や法人保証を求めるケースがある。調達価格の低下や入札、FIP制度の導入、出力抑制などにより、事業性が厳しくなりがちな地域エネルギー事業は、ファイナンス面でも厳しく査定される。環境省は「地域における再生可能エネルギー事業の事業性評価等に関する手引き（金融機関向け）」太陽光発電事業編、風力発電事業編、小水力発電事業編、木質バイオマス事業編（いずれも2019年３月更新が最新）を提供しているため、これらを参照することで金融機関がどのような視点から事業を評価するのかを理解することができる[10]。市民出資の意義も変わってきている。かつては自己資金が少ない上に信用力の乏しい地域エネルギー事業体にとって、自己資金と融資の間を埋める柔軟な資金調達手法であったが、現在では地域住民や幅広い市民からの参加を促す手法としての意味合いが強くなっている。

④行政との協働体制が築ければ、行政計画と連携した再生可能エネルギー事業や電力小売事業の展開が可能となり、ファイナンスでの信用力も得られる。さらに、地域エネルギー事業に不可欠な地域での信頼が得やすくなり、合意形成にも影響する。一方で、民間事業者と行政とのスピード感・視点の違い、首長の交代や議会との関係性、担当者の異動など特有のリスクもある。そのため、行政との協働を前提とせずに民間ベースでの取組を広げる地域エネルギー事業体もある。

⑤事業の継続・展開とは、首尾よく最初のプロジェクトが成功したとして、その後事業環境が常に変化する中でどのように事業を続けるのか、または事業領域を広げていくかという課題である。制度変更や新技術により事業環境は数年で大きく変化する。おひさま進歩の事例のように初期のFIT法のもとで太陽光発電事業を行った後、別の発電事業を行う、電力小売事業を行うなどの事例もある。コベネフィットの視点を持ちながら、柔軟に地域エネルギー事業自体も変化していくことが求められる。

※5　地域エネルギー事業のリスク

環境省は地方自治体および事業者向けに「地域における再生可能エネルギー設備導入の計画時の留意点～再生可能エネルギー設備導入に係るリスクとその対策～」を2021年３月に公表している。同報告書では各再生可能エネルギー事業のプロセスにおけるリスクをレベルに応じて示しており、リスクについては以下の10種類に分けている[11]。その中には一般的な事業や施工に係るリスクも含まれているが、上述したような制度改正、系統連系、合意形成が含まれる①制度リスクや③環境リスク、⑦自然災害リスク、⑧人的リスクは地域エネルギー事業にとって特に重要なリスクとなるだろう。

① 制度リスク（規制、許認可、制度改正、系統連系、合意形成など）
② 土地リスク（事業用地取得時の契約、事業用地の利用継続など）
③ 環境リスク（事業活動による環境変化が人の健康や生態系に及ぼす影響など）
④ 完工リスク（設計・施工、各種事業者、資金調達など）
⑤ 資源リスク（日射量や風況、バイオマス調達コストなど）
⑥ 性能リスク（メンテナンス不足、機器トラブルなど）
⑦ 自然災害リスク（暴風、豪雨、豪雪などの自然災害とそれに伴う土砂災害、落雷など）
⑧ 需要リスク（自家消費や相対取引でのエネルギー需要の変動、契約更新など）
⑨ 追加コスト発生リスク（資源の品質基準の不一致、機器損傷など）
⑩ 人的リスク（オペレーションミス、人材不足など）

本セクションで紹介できたのは、地域エネルギー事業のごく一部であり、新しい事業の立ち上げにはさまざまなリスクが存在する。多くの先行事例も常に悩みながら進んでいる。リスクを恐れて動き出さなければ、地域の経済循環の可能性を捨て、地域の持続可能性をすり減らしていくことになる。日本全体でカーボンニュートラルを目指し、政府も企業も動き出している中で、地域も勇気を持って進むことが必要である。何よりも重要なことは、文献や先行事例などから学びつつ、地域で話しあいながら、具体的な検討の第一歩を踏み出してみることである。その一歩が、振り返ってみればまちの未来を変えた最初の大きな一歩につながるはずである。

サマリー

地域エネルギー事業は脱炭素、経済効果、その他コベネフィットをもたらす地域主体による再生可能エネルギー・省エネルギー事業である。日本では2000年代にその萌芽が見られ、2010年代にFIT法や電力小売全面自由化を契機に多くの地域主体が参入したが、政策的課題も多い。地域エネルギー事業の立ち上げから事業化までには特有のプロセスとリスクがあり、利害関係者との合意形成やビジョンの共有が重要である。

Questions

- □ **問題1** 地域エネルギー事業とはどのような事業か、地域にどのような便益をもたらすかについて説明しなさい。
- □ **問題2** 地域エネルギー事業にとっての政策的課題について説明しなさい。
- □ **問題3** 地域エネルギー事業にとって重要なリスクについて説明しなさい。

セクション 2

太陽光発電による地域エネルギー事業

Keywords
FIT、FIP、営農型太陽光発電、PPA、TPO

※1　太陽光発電の関連制度

太陽光発電は日本の多くの地域で導入可能な再生可能エネルギー源であること、屋根上の小規模事業から地面設置の大規模事業まで選択肢が広いこと、リードタイムが短いことなどから、多くの地域エネルギー事業体が最初に検討するものだろう。

太陽光発電についてはFIT法施行以降に目まぐるしい制度変更があった。ここでは10kW以上の事業用太陽光発電の調達価格の低減や入札制度の導入、FIP制度の導入について簡単に振り返る。

まずは10kW以上50kW未満の低圧型太陽光の調達価格の推移を見る。**図4**に示すように、FIT法施行直後は高い調達価格であったが近年では大幅に低下しており、新たな事業を始めるにはコストダウンを入念に検討しなければ経済的に成り立たない。さらに2020年度以降は、以下の２つの自家消費型の地域活用要件を満たした上での調達価格であり、設置可能な場所の制約も多くなった。

①　再エネ発電設備の設置場所で少なくとも30％の自家消費等を実施する

②　災害時に自立運転を行い、給電用コンセントを一般の用に供する

ただし、営農型太陽光発電は３年を超える農地転用許可が認められる案件では自家消費を行わない案件であっても、②を満たせばFIT制度の対象となっている。

より大規模な太陽光発電については規模ごとの調達価格の設定、2017年度からは入札制度の段階的導入など、多くの変更があった。入札制度は経済効率を

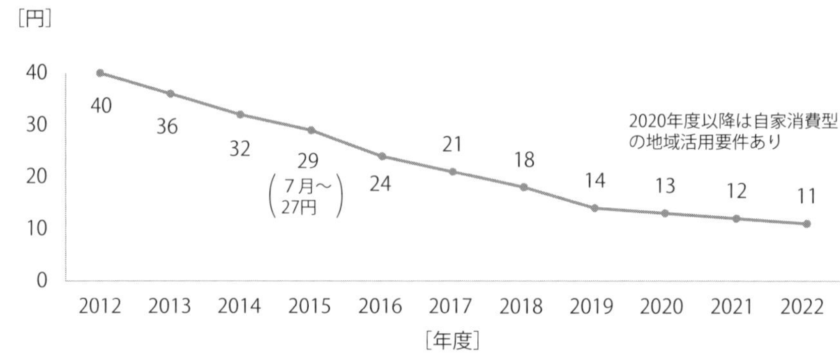

図4　10kW以上50kW未満の調達価格の推移

重視しているため、小規模な地域エネルギー事業体が落札することは容易ではない。

2022年度から改正再エネ特措法（再エネ促進法）が施行され、50kW以上1,000kW未満を対象にFIP制度が導入され、FITとの選択制となる（**表2**）。FIP制度は、大きく以下の3点がFIT制度と異なる。第一に、FIT制度では発電した電気を小売電気事業者（後に送配電事業者）が買い取っていたが、FIP制度では発電事業者が卸電力取引市場や相対取引で売電先を見つける必要がある。もしくはアグリゲーターと呼ばれる事業者が発電事業者の代わりに取引を行う。第二にFIT制度では電力の市場価格に関わらず固定の価格で買い取っていたが、FIP制度では市場価格に上乗せするプレミアム分が補助として支払われ、市場の毎月の価格変動と連動してプレミアム分も変動する（**図5**）。プレミア

表2　2021年度および2022年度の調達価格（FIT）※1および基準価格（FIP）

年度		10kW以上 50kW未満※2	50kW以上 250kW未満	250kW以上 1,000kW未満	1,000kW以上
2021年度（FIT）		12円	11円	入札	
2022年度	FIT	11円	10円	入札	―
	FIP	―	10円		入札

※1　FIT調達価格は表中の価格に消費税を加えた額となる
※2　自家消費型の地域活用要件あり。ただし、営農型太陽光発電は3年を超える農地転用許可が認められる案件では自家消費を行わない案件であっても災害時の活用が可能であればFIT制度の対象

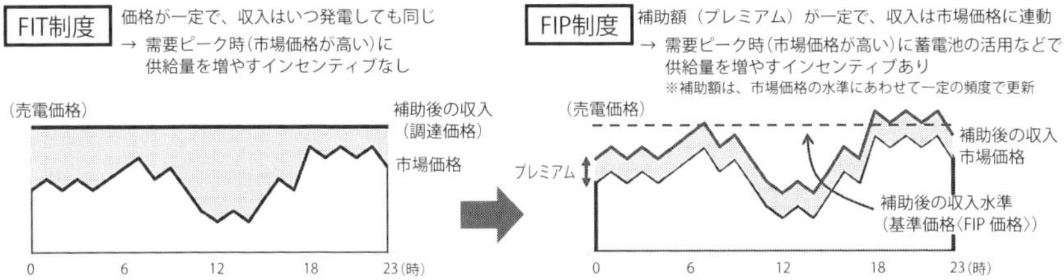

図５　FIT制度とFIP制度の違い[c]

ム分は費用や利潤を勘案した固定の「基準価格」から市場取引などから期待できる「参照価格」を引いて算出される。第三に、再生可能エネルギーの電気が持つ環境価値は、FIT制度では全ての需要家に帰属するが、FIP制度では発電事業者に帰属する（環境価値については本章BOX 6 を参照）。

FIT法および改正再エネ特措法以外にも、2019年に林地開発許可基準の新設（１ha以上の太陽光発電事業が対象）、2020年度から環境影響評価法の改定（概ね40MWの大規模太陽光発電が対象）などの制度変更があった。また地方自治体では立地規制条例の新設や環境関連条例、景観条例などの対象化等も進んでいるため、地域エネルギー事業の計画時には行政へ事前相談を行う必要がある。またセクション１で示した系統連系問題は小規模な太陽光発電であっても起こりうるため、系統の空き状況も常に確認しておく必要がある。

ここで示した情報は2022年１月の執筆時点での情報であり、今後も制度は頻繁に変わる可能性がある。例えば電力系統の送配電設備の維持・増設に要する原資の一部を発電事業者等が負担する発電側課金（発電側基本料金）の仕組が検討されており、設備利用率が低い太陽光発電や風力発電ではその負担が大きくなる。発電側課金はその要否や補填措置を含めて2022年度中に結論が出される方向性となっている。地域エネルギー事業に関わる方は、資源エネルギー庁のウェブサイト[d]や多数開催されるウェビナーやシンポジウムなどを通じて常に最新の情報を収集する必要がある。

c　資源エネルギー庁「再エネを日本の主力エネルギーに！『FIP制度』が2022年４月スタート」 https://www.enecho.meti.go.jp/about/special/johoteikyo/fip.html（accessed 2021-12-20）

d　https://www.enecho.meti.go.jp/category/saving_and_new/saiene/index.html

BOX 2 太陽光発電設備の廃棄等費用積立制度

2022年4月に施行される改正再エネ特措法では、65万件を超える事業用太陽光発電の事業終了後の放置・不法投棄を防ぎ、適切な廃棄を促すため、太陽光発電設備の廃棄等費用積立制度が盛り込まれた。筆者は同制度を検討するワーキンググループの委員を務めた。

この制度は、既存案件も含めた10kW以上のすべての事業用太陽光発電が対象であり、原則として源泉徴収的な外部積立てを行う。そのため、多くの地域エネルギー事業体が所有する太陽光発電設備も対象となる。20年間の電気の買取期間のうち後半10年間に、廃棄等費用に相当する金額を天引きする形となる[e]。例えばFIT法が施行された2012年に認定を受けた事業者はkWhあたり40円（税抜）を受け取っているが、2022年からはkWhあたり1.62円を差し引いた額を受け取ることとなる。その後、事業者が発電事業を終了し、廃棄処理が確実に見込まれる資料を提出した時点で、積立てた金額が払い戻される。事業者が受け取る総額は変わらないが、キャッシュフローやIRRは影響を受けることになる。

こうした廃棄等費用の外部積立制度は、鉱山や最終処分場などごく一部の事業にしか義務づけられておらず、太陽光発電事業に対する社会的な懸念の高まりを反映している面もある。また地域エネルギー事業体もこうした制度変更を常に注視し、対応していく必要があることを示している。

2　太陽光発電事業の事例

太陽光発電の地域エネルギー事業としては、2010年代前半はセクション１で紹介した長野県飯田市のおひさま進歩の事例に見られるように、公共施設や民間施設の屋根借り、メガソーラー事業に取り組んだ事例が多かった。近年では営農型太陽光発電や需要側と結びつけたTPO／PPAモデル（後述）など新たな技術やビジネスモデルが現れている。

まずは多くの地域でも応用可能な屋根借りモデルとして上田市民エネルギーの事例、メガソーラー事業として富岡復興ソーラーの事例を紹介する。

長野県上田市は日照時間が多く、雪も少ないため太陽光発電に適した地域で

e　詳細は資源エネルギー庁「再エネ特措法改正関連情報」https://www.enecho.meti.go.jp/category/saving_and_new/saiene/kaitori/FIP_index.html（accessed 2021-12-20）を参照

ある。東日本大震災と福島第一原子力発電所事故を契機に2011年９月にNPO法人上田市民エネルギーが発足した。上田市民エネルギーにはエネルギーの専門家はいなかったものの、以前から行っていたエネルギーや持続可能な暮らしの勉強会のネットワークを生かし、市民の力で太陽光発電を拡げたいと考えた。そこで、太陽光発電に適した屋根を持つ上田市および周辺の住宅や事業所の「屋根オーナー」と、太陽光パネルに出資する「パネルオーナー」をつなぎ、屋根と太陽光エネルギーと売電収入を分けあう「相乗りくん」モデルを始めた（**図６**）。これは後述するTPO（第三者所有）モデルに近い。例えば住宅の屋根オーナーは設置初期費用の負担がなく太陽光発電を設置することができ、毎月発電量に応じた額の支払いをしながら、10kW未満の場合は12年後、10kW以上の場合は17年後には無償譲渡を受けることができる。パネルオーナーは全国から10万円以上の希望の額で出資でき、10年または13年で売電収入をもとにした還元を受け取る。これらは非営利型の信託の仕組を用いており、上田市民エネルギーでは市民信託と呼んでいる。これまでの実績では見込み通りの還元を行っている。「相乗りくん」の仕組を用いて、2022年１月までに57カ所830kWの太陽光パネルを設置し、市民からの出資額は１億7,000万円を超えている。合計での年間発電量は900MWhを超え、年間のCO_2削減量は約

図６　「相乗りくん」導入事例
（自己設置と相乗りくんの共同設置）
（写真提供：上田市民エネルギー）

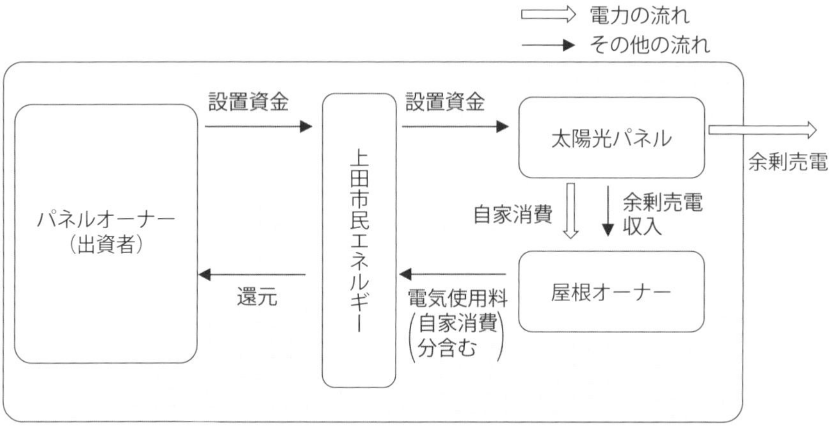

図7　相乗りくんの仕組み

図8　富岡復興ソーラー高津戸・清水前太陽光発電所竣工式
（写真提供：環境エネルギー政策研究所）

350tを超えると推定される。こうした太陽光発電普及に誰もが参加できる仕組を評価され、「相乗りくん」は、環境省第6回グッドライフアワードにて環境大臣賞地域コミュニティ部門を受賞している。上田市民エネルギーはこの他にもまちづくりや断熱ワークショップの活動を補助金も活用しながら行い、地域の転換に貢献している。

大規模な市民参加型太陽光発電事業としては福島県富岡町にある32MWの

「富岡復興ソーラー　高津戸・清水前太陽光発電所」がある。同事業は地域住民が事業主体となった大規模な事業であり、2018年３月に稼働を開始した。合計での年間発電量は34GWhを超え、年間のCO_2削減量は約15,000tと推定される。富岡町は福島第一原子力発電所事故の影響で一時は全町避難を強いられた。町内の利用できなくなった農地などを活用し、再生可能エネルギーを進めたいという地域住民の思いがあり、環境エネルギー政策研究所が支援を行なってきた。この事業では地域住民が事業のオーナーとなり、市民出資手法を活用して全国の市民も参加している。プロジェクトの総事業費は90億円以上であり、匿名組合出資による市民出資約６億円に加え、福島県内の多くの金融機関から成るシンジケート団を組成している。現在は、その収益の一部を花卉栽培などの地域の新しい事業創出に活用している。

※3　営農型太陽光の拡大

太陽光発電を活用したビジネスモデルとして、近年増えてきたのが営農型太陽光発電事業である。これは農地での作物栽培と太陽光発電事業を同時に行うものであり、ソーラーシェアリングとも呼ばれる。その仕組みを簡単に述べると、水田や畑作、牧畜などを行っている土地に、2.5m～４mの高さの架台に間隔を空けて太陽光発電を設置し、作物の種類に応じて育成に必要な日光を取り入れることで、作物栽培と太陽光発電を両立させている。農林水産省の統計によれば、2011年度から2019年度末までの太陽光発電設備を設置するための農地転用許可実績は2625件となっており、年間400～600件程度のペースで増加している[f]（営農型太陽光発電の詳細については、農林水産省のウェブサイト[g]や入門書[h]、都市の脱炭素化事例編第２部第１章を参照）。

営農型太陽光発電のメリットとして、農業と太陽光発電の両方の収入が期待できること、土地の利用効率を向上できること、日本全国に大きなポテンシャ

---

f　農林水産省「再生可能エネルギー発電設備を設置するための農地転用許可」https://www.maff.go.jp/j/nousin/noukei/totiriyo/einogata.html（accessed 2021-12-20）

g　農林水産省「営農型太陽光発電について」https://www.maff.go.jp/j/shokusan/renewable/energy/einou.html（accessed 2021-12-20）

h　長嶋彬「日本を変える、世界を変える！『ソーラーシェアリング』のすすめ」リックテレコム（2015）

ルが期待できることが挙げられる。一方、デメリットとして、農地の一時転用許可の手続きが簡単ではないこと、新しいビジネスモデルに対する周囲の理解が不可欠であることなどが挙げられる。

営農型太陽光発電に関して注意すべき点は、一般に農業よりも太陽光発電の方が単位面積あたりの収益性が高いため、太陽光発電の導入が主目的となり、農業はついで程度に考えている事業者や計画が散見されることである。これから営農型太陽光発電を始めたいと考える地域主体は、そうした事業者や計画に惑わされないよう気をつけてほしい。

第6次エネルギー基本計画では、太陽光発電の導入量拡大に向けて、荒廃農地の活用や営農型太陽光発電についての記載がある。さらに全国で再生困難な荒廃農地は19.2万haに上り[12]、太陽光に換算すると100GWを超える導入ポテンシャルがある。こうした荒廃農地での太陽光導入を営農型とするか、地面設置とするかは今後の論点となるだろうが、いずれにせよ地域エネルギー事業のポテンシャルは大きい。

福島県二本松市で2021年9月に竣工した営農型太陽光発電事業は、地域主体による高収益農業との両立を目指す地域エネルギー事業の事例である。6 haの農地に生食用ブドウやエゴマを栽培しながら、高さ3 mの架台に3.9MW（DC）、1.9MW（AC）の太陽光発電を設置して発電を行っている（**図9**）。年間の発電量は3.7GWh、CO_2削減量は159tと推計される。もともと二本松市で有機農業を営んでいた近藤恵氏は福島第一原子力発電所事故で営農を一旦断念したが、福島県内での地域エネルギー事業に関わり、二本松市での営農型太陽光発電事業を実現した。近藤氏は営農型太陽光発電を「現代版二毛作」と表現している。農業を担う株式会社Sunshineでは、地元出身の若者2名を雇用し、架台をブドウ棚の柱として利用するなど新しい農業を模索している。営農型太陽光発電を担う二本松営農ソーラー株式会社は、すでに市内に設立していた地域エネルギー事業体である二本松ご当地エネルギーをみんなで考える株式会社、みやぎ生活協同組合・コープふくしま、環境エネルギー政策研究所の三者が株主となっており、地域主体と専門家の協働となっている。発電した電気は生活協同組合が買取り、店舗や組合員に供給される予定である。

図９　二本松市の営農型太陽光発電

❋4　需要とつなぐ

電力システム改革の進展から、太陽光発電の新しいビジネスモデルも登場している。なかでも電力販売契約（Power Purchase Agreement: PPA）や第三者所有モデル（Third-Party Ownership: TPO）は報道でもよく目にするようになった。また地域の電力を中心に扱う新電力事業者も登場している。

一般的なPPAの仕組みは、電力需要家が新設の発電所からの再生可能エネルギー電力を長期で購入する契約を結ぶ形である。PPAは需要家と発電事業者の双方にメリットがある。需要家にとっては長期にわたって環境価値込みの再生可能エネルギー電力を安定的な価格で調達することができる（環境価値はセクション４で取り上げる）。発電事業者にとっても入札やFIP制度で売り上げが決まるよりも長期かつ安定的な売り上げが見込め、ファイナンスを受けやすくなる。

PPAはとくに企業での導入が増えており、コーポレートPPAとも呼ばれる。PPAはもともと海外の大手IT企業による再生可能エネルギー電力調達手段として活発であったが、日本でもAmazonが三菱商事と22MWの太陽光発電プロジェクトでのPPAを締結している[13]。

TPOについては、太陽光発電や蓄電池などの発電事業者が、投資家や企業から資金を募り、住宅や建物の屋根に太陽光発電を設置し、建物のオーナーに電

BOX 3　自然共生型太陽光発電の可能性

地域に受容される太陽光発電の一つのモデルとして、自然環境への影響を減らす、もしくは生物多様性に貢献するような自然共生型の太陽光発電事業が考えられる。ドイツ南西部のバーデン＝ヴュルテンベルク州にあるソーラーパーク・モースホーフ（solarpark Mooshof）は2011年に建設された4,500kWの自然共生型メガソーラーである（**図10**）。地域エネルギー事業として行われたこのメガソーラーは、著名な自然保護団体や農家などが協働で計画策定やモニタリングを行っている。在来種の多様性を考慮した草原を再現する、自然保護型の草刈り機を用いる、あえて水溜りを残してカエル・トンボの産卵場所とする、ハチの巣箱を設置するなど多くの工夫を行い、単一作物の農耕地から昆虫、植物、鳥類が生息する場に変えている。またドイツのシンクタンク「自然保護とエネルギー転換の専門センター」（Komptenzzentrum Natürschutz und Energiewende: KNE）は生物多様性保全のための太陽光発電所のガイドラインを作成している[i]。

日本では雑草の処理を除草剤や防草シートを用いずに、ヤギやヒツジに行わせるケースがある。セクション3で取り上げる長野県長野市内の鬼無里（きなさ）地区にある「まめってぇ鬼無里」が運営する太陽光発電所（42.5kW）ではヤギを飼育し、春から秋の除草を担当させている（**図11**）。

計画と管理の手間は増えるため経済性との両立が必須であるが、日本でも自然共生型の太陽光発電事業を検討する意義はあるだろう。

図10　モースホーフの自然共生型メガソーラー　（写真提供：滝川薫）

図11　ヤギを飼育する太陽光発電　（写真提供：まめってぇ鬼無里）

i 「太陽光発電所での種の保存をどのように最適化するか」という小冊子の発行や自然配慮型の太陽光発電所に関するオンラインフォーラムの開催を行ってきた。https://www.naturschutz-energiewende.de（accessed 2021-12-20）

力を供給する。建物のオーナーにとっては、初期投資が不要となり、メンテナンスも事業者に任せた上で、太陽光発電を導入し、その電気を利用できる。この際にPPA契約を結ぶことが多いため、PPA/TPOモデルと呼ばれることも多い。

こうしたビジネスモデルを組み合わせて、一般に0円ソーラーと呼ばれるような初期投資不要の太陽光発電事業モデルの選択肢が増えている。オンサイト（敷地内）かオフサイト（敷地外）か、PPA/TPOかリースかなども含めて多様な選択肢がある。地域エネルギー事業としてPPA/TPOモデルなどを進めることも考えられるが、多様な選択肢があるだけに顧客の理解度が重要となるだろう。

株式会社UPDATERが運営する新電力事業ブランド「みんな電力」は、「顔の見える電気」というコンセプトを掲げ、地域エネルギー事業を含めた小規模な太陽光発電所などの電気を調達し、ブロックチェーンの仕組みを用いて電力需要家とつなげている。こうした新電力を介して需要側とつながっていくことも今後の地域エネルギー事業の選択肢の一つとなるだろう。

サマリー

太陽光発電事業はすでに多くの地域エネルギー事業で行われているが、入札対象の拡大、FITからFIPへの移行など関連制度の変更が多く、常に最新の情報を収集しながら対応していく必要がある。地域エネルギー事業としての太陽光発電事業のビジネスモデルも変化しており、中小規模の屋根貸し、大規模なメガソーラーに加え、営農型太陽光発電、PPA/TPOなどの新しい取組も増えている。

Questions

- □ **問題 1**　再エネ特措法におけるFIT、FIPの主な違いについて説明しなさい。
- □ **問題 2**　主な営農型太陽光発電の仕組を説明しなさい。
- □ **問題 3**　PPA/TPOモデルについて説明しなさい。

セクション 3

各種の地域エネルギー事業

Keywords
風力発電、木質バイオマス利用、小水力発電、地域間連携

1 多様な再生可能エネルギー事業

一口に再生可能エネルギー事業といってもその特徴はエネルギー源により大きく異なる。本セクションでは、太陽光発電以外に地域エネルギー事業で扱うことの多い再生可能エネルギー事業として、風力発電、木質バイオマス熱利用、小水力発電を取りあげる。地熱発電および温泉熱発電についてはポテンシャルのある場所が限られること、投資額が大きくなる傾向があること、地域主体による事例が少ないことから割愛するが、書籍「都市の脱炭素化」の第2部第4章で地熱発電を取り上げている。

各発電について、調達価格や基準価格がそれぞれ設定されている。**表3**に、新設の各再生可能エネルギーの2022年度の調達価格（FIT）および基準価格（FIP）を示す[j]。これは事業環境やコストなどを勘案して決定されており、エネルギー源や規模により大きく異なっていることがわかる。同案では2023年度以降の方向性も示されており、FITの対象がより少なくなり、FIP（入札）へと移行することが明確になっている。一方、木質バイオマス熱利用を始めとする熱利用には価格を定める制度はなく、需要家との相対契約やその地域での相場に基づいて決められる。

改正再エネ特措法以外にエネルギー源ごとに対応すべき法令やリスクは様々であるため、ここでは詳細は省き、地域エネルギー事業として取り組む場合の

j 経済産業省「再生可能エネルギーのFIT制度・FIP制度における2022年度以降の買取価格・賦課金単価等を決定します」https://www.meti.go.jp/press/2021/03/20220325006/20220325006.html

表 3　2022年度の調達価格（FIT）および基準価格（FIP）（抜粋）

		10kW以上 50kW未満	50kW以上
陸上風力	FIT	16円※	入札
	FIP	—	16円

		50kW未満	50kW以上 200kW未満	200kW以上 1,000kW未満	1,000kW以上 5,000kW未満	5,000kW以上 30,000kW未満
小水力	FIT	34円※		29円※	—	—
	FIP	-	34円	29円	27円	20

		50kW未満	50kW以上 2,000kW未満	2,000kW以上 10,000kW未満	10,000kW以上
一般木材	FIT	24円※			—
	FIP	-	24円		入札
未利用材	FIT	40円※		32円※	—
	FIP	-	40円	32円	入札
バイオガス	FIP	39円※			—
	FIP	-	39円		入札

ただし、FITは消費税分を加えたものが調達価格となる。入札対象外のFIPはFITを選択可能。
※地域活用要件を満たすもののみ

注意点を述べる。本格的な検討にあたっては、各種の事業ガイドラインやセクション１第４項で紹介した「地域における再生可能エネルギー設備導入の計画時の留意点～再生可能エネルギー設備導入に係るリスクとその対策～」などを参照しつつ、最新の情報に対応する必要がある。

地域エネルギー事業として検討する際に太陽光発電と他のエネルギー源で大きく異なる点が挙げられる。

① 資源量や利用可能量の詳細調査が必要である
② 初期投資額が大きいものが多い
③ 施設設置場所が限られる
④ 維持管理の手間がかかる
⑤ リードタイムが長い

例えば小水力発電で見てみよう。①１年～２年かけて流量等の調査を行う。

BOX 4　省エネルギー事業の可能性

地域の脱炭素化に向けては、再生可能エネルギー事業と並んで、省エネルギー事業も取り組む意義が大きい。しかしながら、本格的な省エネルギー事業やESCO事業には再生可能エネルギー事業とは異なるノウハウが必要であり、事業として扱える地域エネルギー事業体は少ない。

岡山県備前市の株式会社備前グリーンエネルギーは省エネルギー事業を本格的に行っている数少ない地域エネルギー事業体である。同社は、飯田市のおひさま進歩と同様に環境省の補助を受け、2005年から公共施設・民間施設での太陽光発電事業やバイオマス熱利用事業、省エネ事業を行なった。その後ノウハウを蓄積し、地域のエネルギー計画策定支援なども行いつつ、新築のゼロ・エネルギー・ビルディング（Zero Energy Building: ZEB）および既存建築物のZEB化なども行なっている。

備前グリーンエネルギーがZEBプランナーとして支援した久留米市環境部の既存庁舎のZEB改修（**図12**）および久留米市のZEBを推進する取組は、一般社団法人省エネルギーセンター主催の「2021年度省エネ大賞（省エネ事例部門）」において、「資源エネルギー庁長官賞（ZEB・ZEH分野）」を受賞するなど成果を挙げている。久留米市環境部の既存庁舎のZEB改修では、CO_2削減量を年間53t以上と推計している。

地域エネルギー事業体自らがZEBプランナーとなることは難しくとも、ZEBプランナーや建築事業者などと連携し、地域の建物や住宅をZEBやZEHに転換していく提案を行うことは重要な役割となるだろう。

図12　久留米市環境部庁舎
（写真提供：備前グリーンエネルギー）

②50kW以下の太陽光発電であれば数千万の初期投資が必要となるが、同程度の小水力発電でも１億円規模となる場合がある（ただし発電量は多く、耐用年数も長い）③適切な落差が取れる場所の選定や用地取得の問題もあり、川があればどこでも設置できるわけではない。④落ち葉などの塵芥の処理が日常的に発生し、稼働率に大きく影響する。⑤詳細設計から機器発注、土木工事や電気設備工事まで含めて５年〜10年かかることもあり得る。また水力発電には一般に水利権の問題があり、農業従事者や漁業者との合意形成が欠かせないため、より長い期間がかかることもある。

またバイオマス事業については燃料調達体制を構築する必要があること、燃料費がかかることが大きな特徴である。

各エネルギー源に特有の難しさはあるものの、地域エネルギー事業として取り組む事例はある。次項以降では、再生可能エネルギー事業を行いながら地域の課題解決を目指す事例を示す。

■2　風力発電による地域への貢献

風力発電事業については、セクション１でも紹介した市民風車とその関連事業が地域エネルギー事業としての代表例となるだろう。風力発電は太陽光に比べ資源の偏在性が高く、系統制約も大きいため事業化が可能な地域は限られている。また陸上風力で一般的な2,000kWの風力発電１基で初期投資が３億〜５億円と高額であり、リードタイムも３〜５年と長い。さらに設備としても稼働部が多いためメンテナンスの費用もかかる。こうした理由から、年中風が吹くような地域であったとしても、地域エネルギー事業としてのハードルは高い。

2000年代からの市民風車事業には様々な形で地域に貢献する風力発電事業がある。青森県鰺ケ沢町で2003年に運転を開始したNPO法人グリーンエネルギー青森による1,500kWの「市民風車わんず」もその一つである。地元の出資者が高い配当を得られる市民出資の仕組、出資者から寄付を募りグリーンエネルギー青森からの寄付と町からの拠出金を合わせて町の活性化に役立てる鰺ケ沢マッチングファンドの仕組（５年間の実施）など地域に貢献する新しい仕組を作った。また在来種の枝豆である毛豆をブランド化し「かざまる」と名付け、全国の出資者や縁ができた方に通信販売を行っている（**図13**）。こうした一次産業への利益をもたらしつつ鰺ケ沢町と全国の出資者とのつながりを保っている。現在グリーンエネルギー青森は薪の製造に向けた活動も行っている。

また必ずしも地域主導でなくとも、地域と連携し、地域に貢献する再生可能エネルギー事業はありうる。2012年３月に秋田県にかほ市で、首都圏の４つの生活クラブ生活協同組合（東京・神奈川・埼玉・千葉）による1,990kWの風車「夢風（ゆめかぜ）」が稼働した（**図14**）。生活クラブは事業目的法人として一般社団法人グリーンファンド秋田を設立している。従来から食と福祉などに取り組んできた生活クラブは、エネルギーの取り組みも進めるため、地域に貢献しつつ自然環境に留意した再生可能エネルギー発電所を作ることや、電力を選択して使うことを目指していた。市民風車を手がけてきた北海道グリーンファンドなどの支援を得て、風況の良いにかほ市に候補地を定め、具体的な検討を進めた。その過程では組合員とのコミュニケーション、地域とのコミュニケーションを丁寧に続けながら合意形成を進めた。「夢風」という愛称は、地元の小学生から公募して決められた。2013年に生活クラブとにかほ市は「持続可能な自然エネルギー社会にむけた共同宣言」を行い、連携協定を締結した。

その後、生活クラブは電力小売事業のため株式会社生活クラブエナジーを設立し、夢風を含め全国の再生可能エネルギー発電所からのFIT電気（本章BOX６を参照）を中心に組合員へ供給している（**図15**）。2022年４月からは再エネ価値を用いた電力プランを開始する。さらに、エネルギーでの繋がりを食の分野にも広げようと、生活クラブと地域の加工品生産者で地元農産物を使っ

図13　通信販売している
特産毛豆「かぜまる」

図14 「夢風」の前で５周年を祝う
（写真提供：生活クラブ神奈川）

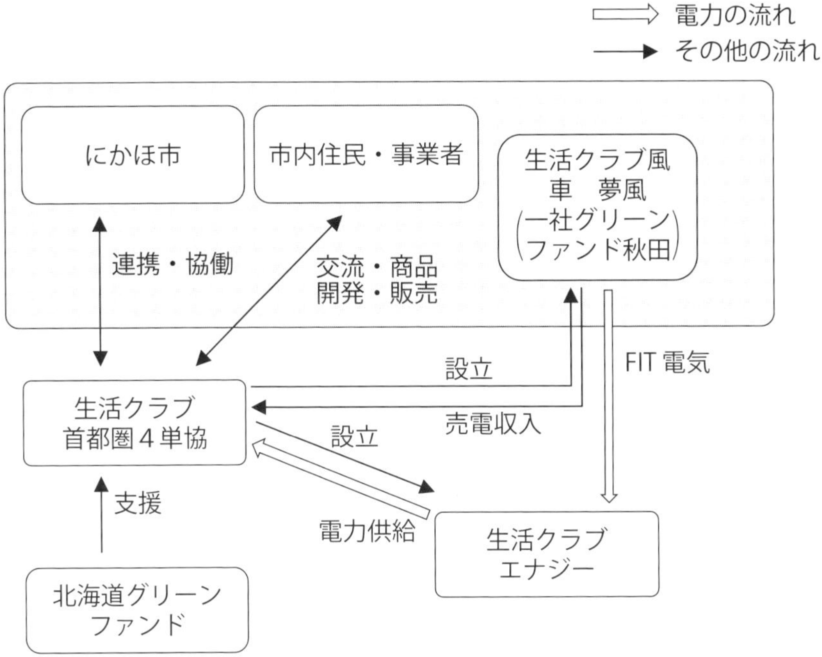

図15　夢風のスキーム

た商品開発を行った。スープにタラの魚醤を使用したタラーメンや吟醸酒「夢風」などを開発し、売り上げは年間約３千万円にものぼる。また毎年、生活クラブの組合員リーダーが夢風を訪れる研修会が行われている（2020年と2021年はコロナ禍のため休止）。

にかほ市と生活クラブは「自然エネルギーによるまちづくり基金条例」などを基に、地域活性化のための協働も進めている。またにかほ市は環境省のゾーニング事業に採択され、風力発電の適地や抑制地域の検討を行った。「夢風」は、「再生可能エネルギーから始まる地域間連携」と呼べる事例であり、地域の再生可能エネルギー政策を発展させるきっかけともなった。

※3　木質バイオマス熱利用の事例

木質バイオマスについては、近年では大規模な事業者による海外産バイオマスを使った発電事業が多い。一方、地域エネルギー事業としては、比較的小規模から始められる木質バイオマス熱利用の事例がある。小規模と言っても、川上の森林整備やチップ・ペレット製造から川下の需要家まで全体を把握した上で適切な規模での事業を検討する必要がある。ここでは木質バイオマス熱利用を全国に展開している事例と小規模な事例を取り上げる。

一般社団法人徳島地域エネルギーは、環境省の支援事業をきっかけとして、地域に根ざした再生可能エネルギー事業の実施と支援のため2012年に設立された団体である。徳島地域エネルギーの立ち上げ当初は、太陽光発電を中心に事業化を行った。なかでも、コミュニティ・ハッピー・ソーラーと名付けた事業では、通常の資金に加え寄付を集めて太陽光発電を建設し、返礼品として地域の特産品を送るなど地域の農林水産業への支援を行う仕組を作った。現在は風力発電や小水力発電の検討も行なっているが、木質バイオマス熱利用を重視し、全国に展開している。

徳島地域エネルギーは、熱需要が見込める福祉施設やホテル、農業用施設、温泉施設など日本全国15ヶ所で高効率の木質バイオマスボイラーを稼働させている（**図16**）。1施設での導入規模は20kWから900kWまで様々であり、15ヶ所合計での導入量は3,235kWとなる。これらの設備による年間CO_2削減量は2,000tを超えると推計している。木質バイオマスボイラーはオーストリアの

図16　バイオマスボイラー

（写真提供：徳島地域エネルギー）

ETA社製を使用している。単にボイラーを輸入するのではなく、ETA社と提携して研修を受け、設備導入からメンテナンスまで自社で対応し、コストを抑えている点が重要である。ボイラーは薪、チップ、ペレットに対応する型があるため、地域での木質バイオマス燃料の供給体制に合わせて導入している。

さらに徳島地域エネルギーは2015年ごろから「木質バイオマス熱利用地域アライアンス」のビジネスモデルを考案し、全国に普及展開している。これは概ね50km圏内で燃料のチップやペレットを生産する林業、熱需要家、建築設備の設計・施工業者などを集め、資源の利用計画、人材育成を行い地域での木質バイオマス利用を促進し、雇用や経済循環をもたらす仕組である（**図17**）。

徳島地域エネルギーのスタッフは３名から始まり、当初はエネルギーの専門家もいなかったが、プロジェクトの成功を積み重ねながら拡大し、現在ではエネルギー管理士なども含めて15名体制となっている。事業環境に合わせてビジネスモデルを変化させながら、着実に発展させていく戦略性は今後の地域エネルギー事業にとって学ぶべき点である。

長野県長野市にある鬼無里（きなさ）地区は人口が1200人余りの地域であり、全体の85

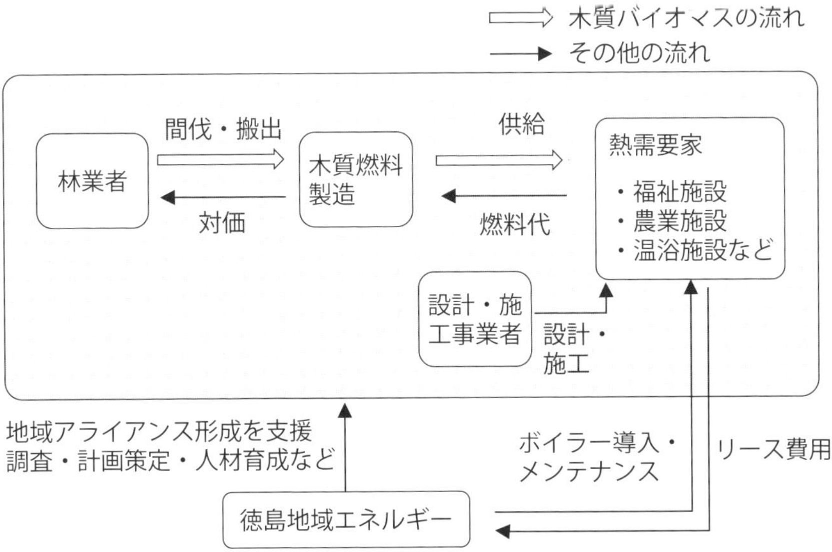

図17　徳島地域エネルギーの地域支援イメージ

～90％が森林である。1960年代までは林業と麻栽培を主要産業としていたが、現在ではいずれも主要産業ではない。この地域の活性化を目的にNPO法人まめってぇ鬼無里による「鬼無里de薪活プロジェクト」が行われている。「まめってぇ」は「元気な」を意味している。2019年から薪の原木買取りを始め、森林整備による伐採木や支障木・間伐材を1㎥あたり4,500円～6,000円で買取っている。それらの材を使って地域住民3名を雇用した薪ステーションで年間300㎥の薪を生産している（**図18**）。薪の需要先として、県の補助金などを活用し温泉施設に薪ボイラー（アーク日本製ガシファイヤー、60～75kW）を導入し、温泉の加温に用いて灯油使用量を半減している（**図19**）。他にキャンプ場、パン屋、薪ストーブユーザーにも薪を提供している。例年であれば、これらの事業により年間100tのCO_2削減効果が見込めるが、2020年度以降は新型コロナまん延による影響を受け、需要が大きく落ち込んでいる。これまでのところ木質バイオマス事業単体での収益は出ていないが、里山の管理や今後の適切な運営も含めて関係者が試行錯誤と話しあいを続けている。第2章のコラムで紹介した太陽光発電所の収入などと合わせて、食・農・暮らし体験などの活動を行っている。小規模な事業であっても工夫を行い、地域のための活動を続けている事例である。

❋4　小水力発電の事例

小水力発電は数メートルの落差でも発電可能と言われ、手軽に行える印象を

図18　鬼無里薪ステーション

図19　温泉宿の薪ボイラー

BOX 5 畜産バイオマス発電

畜産バイオマス発電とは、家畜排泄物を発酵させて生成されるメタンを主とするバイオガスを用いて発電を行う方式であり、大規模な酪農が盛んな地域での事例が多い。畜産バイオマス発電のメリットとして、CO_2削減、電気や熱の販売・利用に加え、家畜排泄物の処理や臭気の軽減がある。検討にあたっては、十分な規模の酪農家が参加するメリットを提示できるか、副生成物となる消化液（液肥）を利用できるかなどがポイントとなる。

北海道鹿追町は集中型の畜産バイオマスの活用で知られる。市街地に近い酪農地帯があり、乳牛排泄物の適正処理、とくに臭気対策が課題であった。そこで、バイオマス資源としての有効活用を図るため2007年に鹿追町環境保全センターを建設し、2016年には瓜幕バイオガスプラントを追加し、合計で4300頭分の乳牛排泄物を処理する能力を持たせた。発電設備としては合計で約1,000kWとなり、コージェネレーション（熱電併給）を行っている。消化液は、耕作農家と連携し全量利用を行っており、耕作農家の肥料を削減する効果もある。また温熱排水を生かしたチョウザメの飼育やマンゴー栽培などにも挑戦している。

戸別型の畜産バイオマス発電としては北海道士幌町の事例が知られている。農協が事業主体となり小規模なプラント建設を行い、各酪農家にリースを行う形である。

持つ方が多いかもしれない。実際に事業として行う場合には一定の規模が必要であり、場所の選定や流量調査に始まり、水利権の調整、土木工事、運転開始後のメンテナンスなどかなりの期間と労力が必要である。しかしながら、事業を適切に運営できれば、40年以上の長期にわたり安定的な収入となり、地域のために使える資金も得られる。

地域主体の小水力発電事業としてよく知られているのは岐阜県郡上市の石徹白地区だろう。人口は250名程度の小さな集落で水力発電機が４機稼働している。移住者を中心に水力発電の検討を始め、2007年から試験的にマイクロ水力発電を導入し、2011年には上掛け水車を設置した。この水車で発電した電気は隣接する農産物加工場で使われている。

2016年には125kWの石徹白番場清流発電所が稼働した（**図20**）。想定発電量は年間581MWhとなり、CO_2削減量は約250tと推計される。この発電所建設に

図20　石徹白番場清流発電所

（写真提供：平野彰秀）

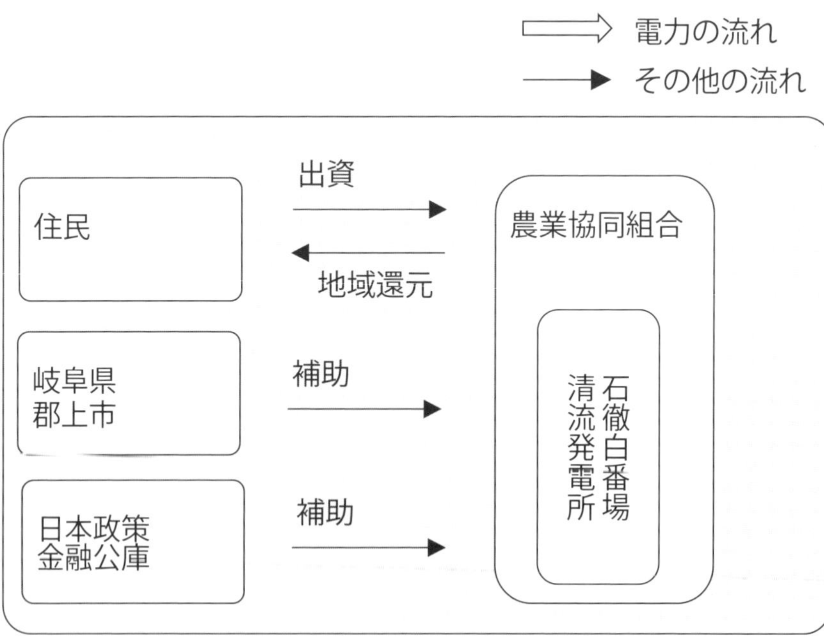

図21　石徹白番場清流発電所スキーム

は２億円以上の近い事業資金が必要であった。この資金は、県や市の補助金、日本政策金融公庫からの融資に加え、水力発電事業のための石徹白農業用水農業協同組合を作り、集落のほぼ全戸が出資して約２千万円を集めた（**図21**）。建設も地元の施工会社が担い、地域が関わる発電所となっている。売電収益は地域の活性化、農業振興に役立てられている。ニュースやドキュメンタリー映画でも石徹白の事例が取り上げられるようになり、移住者も増えている。その結果、地域に新たなゲストハウスやカフェ、農業を始める人も出ている。ここでも地域エネルギー事業が小さな成功を積み重ね、地域の信頼を得て本格的な事業へと発展し、地域への好影響を与えている。

また富山県南砺市小瀬谷での160kWの小瀬谷小水力発電事業は収益の一部を茅葺屋根の古民家の維持管理に用いるなど地域に貢献する事例となっている。

サマリー

太陽光発電に比べ、その他の再生可能エネルギー事業は課題も多いものの、ビジネスモデルを工夫して地域エネルギー事業を進める事例は増えている。風力発電では市民風力の事例が蓄積されており、にかほ市の事例では再生可能エネルギーから始める地域間連携に発展している。木質バイオマス熱利用は山から需要家まで全体を検討する必要があり、徳島地域エネルギーが支援を行っている。鬼無里の事例のように小規模な事業でも地域のための活動を続ける例もある。小水力発電は時間と労力を要するものの、地域に安定的な収入をもたらし、石徹白地区や小瀬谷の事例のように地域のための資金を提供することもできる。

Questions

- □ **問題１**　太陽光発電と他の再生可能エネルギー発電事業の大きな違いについて説明しなさい。
- □ **問題２**　地域エネルギー事業の事例を調べ、そのスキームや地域の課題解決策について説明しなさい。
- □ **問題３**　エネルギーの地域間連携の事例を調べ、双方のメリットについて説明しなさい。

セクション 4

地域新電力との統合

Keywords
地域新電力、電力小売全面自由化、FIT電気、セクターカップリング、VPP

※1　地域新電力事業とは

2016年4月からの一般家庭も含めた電力小売の全面自由化を契機に、多くの企業が電力を小売する新電力事業に参入した。これは地域エネルギー事業に新たな選択肢が生まれたことを意味する。つまり、再生可能エネルギーを重視した電力小売事業をビジネスとして成り立たせ、脱炭素や経済効果と同時に地域の課題解決にも取り組む地域主体中心の事業である。その観点から見ると、いくつもの興味深い事例がある一方で、課題も山積している。本セクションでは、地域エネルギー事業としての新電力事業の概要、意義と課題、具体的事例、今後の発展の可能性について述べる。

2021年12月末時点で経済産業省に登録されている新電力事業者は700社を超えている(14)。その中には自治体や地域企業が出資・関与する新電力があり、自治体新電力や地域新電力と呼ばれる。以下では双方をまとめて地域新電力とする。こうした地域主体が関わる新電力はすでに70以上設立されている。群馬県中之条町の一般社団法人中之条電力（2013年8月設立）や大阪府泉佐野市の一般財団法人泉佐野電力（2015年1月設立）は電力小売全面自由化の前に設立された地域新電力の先駆けと言える。

地域新電力の事業スキームは様々であるが、主なプレーヤーとして自治体、地域企業、地域外企業、電力需要家がいる。自治体と地域企業が中心となる場合の地域新電力のスキームを**図22**に示す。地域企業が中心となり、自治体は出資せずに政策支援を行うケースや自治体が地域外企業と連携して地域新電力を立ち上げるケースもある。電源としては自治体所有の太陽光発電や廃棄物発

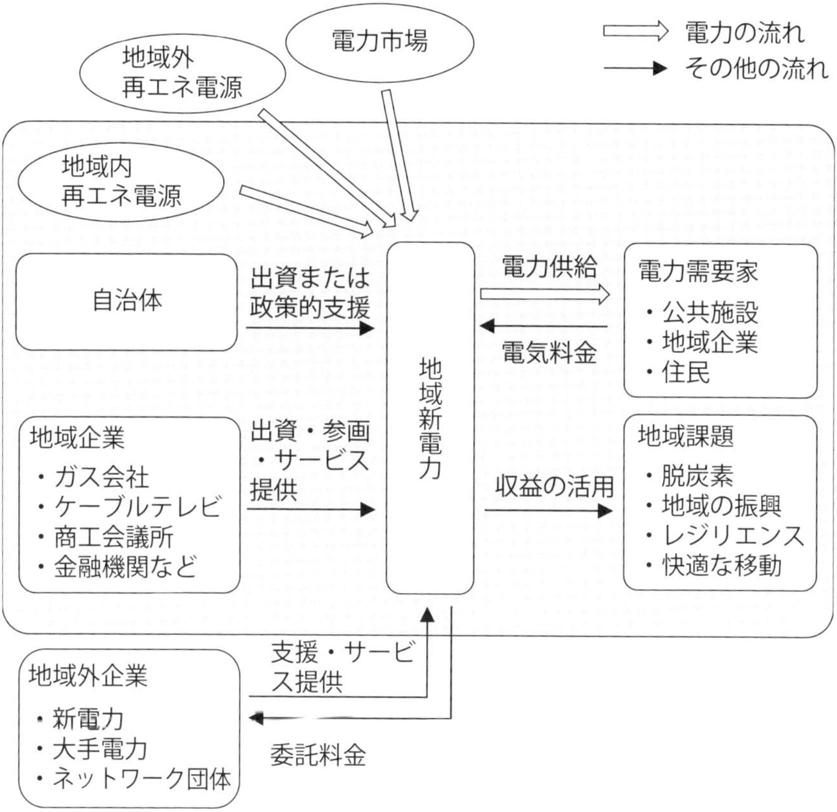

図22　地域新電力のスキーム

（各種資料を参考に筆者作成）

電、地域外と連携した再エネ電源、電力市場からの調達などによって賄うことが基本となる。最初に大口の公共施設を需要家として収益性を確保しつつ、高圧の事業所、低圧の家庭と展開していくことが多い。いずれにせよ、重要な点はセクション１第４項で述べたように「なぜ、誰のために地域新電力事業を行うのか、エネルギーを通じて地域の未来にどう貢献するのか」という事業コンセプトを関係者で共有していることである。

大前提として、電力小売ビジネスは、制度改正が頻繁であること、競争が激しいことから簡単な事業ではない。加えて2021年初頭および2022年初頭の電力市場の高騰は新電力ビジネス全体に大きな影響があり、知名度のある新電力事業者でも倒産に追い込まれたところもあった。卸電力市場からの調達割合が高い地域新電力にも大きな経済的影響があったことから、今後地域新電力の検討に慎重になる自治体も増えるだろう。

次項では、地域エネルギーとしての地域新電力の意義と課題を整理する。

※2　地域新電力の意義と課題

地方自治体が地域新電力を進める意義は何だろうか。2020年に一橋大学・環境エネルギー政策研究所などが実施した全国市区町村へのアンケート調査（回答数1288団体、回収率74％）では、自治体が関わる新電力の設立について設立済み（63団体）、検討中（89団体）と回答した団体に、新電力の設立を進める理由について尋ねた（複数回答)。上位の回答は以下であった。

①　エネルギーの地産地消（域内の再生可能エネルギー電源の有効活用）につながる（133団体）
②　地域の活性化につながる（98団体）
③　温室効果ガスの排出削減につながる（82団体）
④　地域の雇用を増やすことにつながる（67団体）
⑤　公共施設の電気料金の低減につながる（66団体）
⑥　災害などのリスク対応の強化につながる（63件）

環境省による資料[15]では、地域新電力の意義・役割・あり方として地域課題の解決主体（シンクタンク、プラットフォーム）となりうること、そのためには地域の事業者や金融機関、行政の積極的な参画、関与が必要となること、エネルギーを切り口とした地域の稼ぐ手段の確保と異分野への展開可能性、地域内経済循環の実現などを挙げている。

これらの地域新電力への期待が妥当であるか、その実現のためにはどのような事業スキームであるべきかなどを地域で議論していくことは極めて重要である。例えば、上述のアンケート調査の回答⑤公共施設の電気料金については、地域新電力を設立するよりも、規模が大きくノウハウも持っている新電力を集めて電力調達の入札を行ったほうが安くなる可能性が高い（ただし、2022年には入札不調も起こっている)。だからこそ、地域新電力として地域の経済循環効果や地域課題の解決まで含めた意義を共有しておく必要がある。

地域エネルギー事業として地域新電力を見た場合、再生可能エネルギーの活用、地域主体の関わり、地域の課題解決が大きな論点となるだろう。

第一に再生可能エネルギーについては上述のアンケート調査の回答①エネルギーの地産地消や③温室効果ガスの排出削減に関する部分である。稲垣（2020）によれば、28件の地域新電力による再生可能エネルギー電気および地域のFIT電気の割合は平均値36％、中央値30％であった(16)。日本全体での再生可能エネルギー電気割合が2020年に20％と推計されている(17)。地域新電力の方が再生可能エネルギー電気および地域のFIT電気の割合が高めではあるものの、再生可能エネルギーをどの程度重視するかどうかは各社の方針が分かれている。近年需要家からの再生可能エネルギー電気を求める声が増えており、再生可能エネルギー100％のプランを提供する地域新電力もあるものの、多くの地域新電力にとって新規の再生可能エネルギー電源の開発・調達や非化石証書・再エネ価値（本章BOX 6 を参照）の調達は課題となっている。

第二に、地域主体の関わりは上述のアンケート調査の回答②地域の活性化や④地域の雇用に関連する。稲垣ら（2021）による74の地域新電力の調査結果(18)は、以下のように地域主体の積極的な関わりが地域の経済や雇用に影響を与えることを示している。

- 自治体新電力に対して地域企業の出資者は多いものの少額出資に留まっており経営に関与していない一方、地域外企業は１社辺りの出資額が大きく経営に関与する意向が強いこと。
- （出向やアルバイトを除く）専任の従業員がいない自治体新電力が約半数に上ること。
- １/３超を「単独」で出資する地域企業がいる自治体新電力（全６社）はすべて需給管理又は料金請求業務を内製化しており、経営にコミットする地域企業がいると業務の内製化・地域化が進むこと（その結果地域への経済循環も進むこと）

これらの調査結果からも、外部の専門家に事業内容を丸投げするのではなく、行政や地域事業者を中心に自ら考え、運営してノウハウを蓄積しつつ、エネルギーと地域の課題を結びつけて解決していく役割を担いうる自治体新電力が増えていくことが望ましい。

BOX 6 再生可能エネルギー電力の環境価値の取引

再生可能エネルギーの電気を取引する上で、「CO_2を出さないこと」を含む環境価値の扱いは日本では非常に制度が複雑化している。

通常、再生可能エネルギーを含む多数の発電所の電気は送電網を通って混ざりあうため、物理的には再生可能エネルギーの電気だけを分けて希望する需要家に届けることはできない。そこで、再生可能エネルギーの電気を「電気」と「環境価値」に分け、その環境価値を証書やクレジットの形で取引するというバーチャルな仕組が用いられている。

FIT制度を利用した再生可能エネルギー電源（FIT電源）由来の電気（FIT電気）の環境価値は、再エネ賦課金を支払っている全ての電力需要家が薄く広く帰属していると制度上整理されている。そのため、FIT電気だけを調達してもCO_2排出係数はゼロにならず、国内の電力の平均のCO_2排出係数となる（調整後排出係数）。

しかし再エネ賦課金の負担軽減と再生可能エネルギー電力の需要増大により、2017年度からFIT電気の環境価値を個別に取引できるよう証書化した「FIT非化石証書」の取引が始まった[k]。FIT電気に加え、FIT非化石証書を調達することで、CO_2排出係数ゼロの「再生可能エネルギー電気」として表示することができる。さらに2021年11月からはFIT非化石証書の環境価値を再エネ価値として専用の取引市場において需要家が直接購入できるようになり、コストも従来より下がっている。（第1回オークションでは0.33円/kWh）

特定の場所の電源からの電気であることを示す「トラッキング」や新たに再生可能エネルギー電源を増やすことに貢献しているかどうかを表す「追加性（additionality）」も再生可能エネルギーの電力の調達時に考慮すべき用語である。

これらの環境価値の取引については、発電事業者と小売事業者だけでなく、需要家も環境価値について理解しておく必要がある。環境省は2020年に公的機関のための再エネ調達実践ガイド「気候変動時代に公的機関ができること～「再エネ100％」への挑戦～」を、自然エネルギー財団は電力調達ガイドブック（最新版は2022年1月の第5版）を公表しているため、これらを参照しつつ常に最新の情報を集める必要がある。

---

k　非化石証書には他にも非FIT非化石証書や卒FIT非化石証書などもあり、再生可能エネルギー由来でない電気＋非化石証書（再エネ由来）の場合は「実質再生可能エネルギー」と表示するなど複雑なルールとなっている。

第三に地域課題の解決については、アンケート調査の⑥に関わる。前セクションまでに紹介した発電事業と同様に多くの事例がある[19]。地域新電力には地域のインフラやまち造りに関わってきた企業が参画している事例も多いことから、インフラやシステムの転換も含めて地域課題の解決を提案している事例が多いように思われる。

また地域新電力事業においてもセクション1第4項で述べた地域エネルギー事業の各プロセスでの課題は共通している。

3　小田原の地域新電力・湘南電力

小田原城や蒲鉾生産で有名な神奈川県小田原市での地域エネルギー事業は発電から始まり、地域新電力事業へと発展し、交通、防災などのまちの課題解決に関わっている。小田原市では東日本大震災と原子力発電所事故の影響により観光客が激減するなど大きな影響を受けたため、その直後から市としてエネルギー問題に取り組むことを決めた。環境省の支援事業を受けながら、民間の若手経営者を中心に地域エネルギー事業の検討を進め、2012年12月、市内企業24社（のちに38社）の出資により「ほうとくエネルギー株式会社」（以下、ほうとくエネルギー）が設立された。

ほうとくエネルギーの初期事業は、公共施設の屋根借り太陽光発電と、地元の土地所有者の協力によるメガソーラー事業であった。匿名組合契約による市民出資も用い、小田原市内や神奈川県内から多くの資金を集めた。メガソーラーの横に設置された木製パネルには、出資者の名前が刻まれている（**図23**）。

湘南電力株式会社（以下、湘南電力）は、2014年に誕生した神奈川県内の平塚を中心とした地域新電力である。新電力事業の大手である株式会社エナリスが、プロサッカーチーム湘南ベルマーレをパートナー企業として立ち上げ、収益の一部を湘南ベルマーレが行うスポーツ活動に還元していた。2017年5月に地域のガス会社2社やほうとくエネルギーを含む小田原の企業5社がエナリスから湘南電力の株式の大部分の譲渡を受け、経営権を取得した。これにより、地域の発電と小売を組み合わせた地域エネルギー事業が可能となった（**図22**）。

2021年8月時点で湘南電力は低圧（一般家庭や小規模オフィス）約3,500件、高圧（工場や学校等）253件へ電力を供給しており、地域のガス事業の売上規

図23　ほうとくエネルギーのメガソーラーと木製パネル

模に迫っている。2021年初頭の電力市場高騰の影響も受けているが、地域での存在感は増している。

前項で挙げた再生可能エネルギーの活用、地域主体の関わり、地域の課題解決の視点から湘南電力の取組を見てみよう。

再生可能エネルギーの活用については、湘南電力はほうとくエネルギーや協力企業からFIT電気を調達しているものの、2020年度でFIT電気割合が13.9％となっており、それほど高くはない。顧客が増えることは小売事業としては望ましいことだが、それに伴いFIT電気や地域産の電気の割合が下がっており、新規の電源確保に課題がある。今後、地域の電力需要家の要望が高まれば、再エネ証書と合わせた再生可能エネルギー電気メニューなどを拡充していくことも検討課題であろう。

地域主体の関わりについては、ほうとくエネルギー立ち上げから現在に至るまで、地域企業が中心となっている。とくに従来都市ガスやLPガスを扱っていたエネルギー事業者が、湘南電力の経営を通じて地域のエネルギー転換を進めていることは注目に値する。小田原市は湘南電力への出資はしていないものの、地域エネルギー事業の立ち上げ時の支援や小田原市再生可能エネルギーの利用等の促進に関する条例などを通じて政策的な支援を行っている。

図24　電気自動車カーシェアリングサービスeemo

湘南電力の地域課題解決のための特徴的な取り組みの一つとして地域応援プランがある。このプランでは、電気料金の１％を顧客が選ぶ地域の課題解決活動に提供する。従来からあった湘南ベルマーレのクラブ強化に加え、海岸美化や子ども食堂の運営支援など小田原の地域課題の解決に貢献している。

他にも市立小学校に太陽光発電と蓄電池を設置し、自家消費や地域での効率的なエネルギーマネジメントを行い、非常時には防災にも役立てる市との連携事業やマイクログリッド事業[1]も行っている。

また湘南電力、株式会社REXEV、小田原市が連携し、国内初の地元再生可能エネルギーを活用した電気自動車のカーシェアリング事業も2020年から始まっている。小田原駅前や市役所などの複数拠点から電気自動車を利用できるサービスとなっている（詳細は都市の脱炭素化事例集第４部第３章)。

ほうとくエネルギーおよび湘南電力の取組は、再生可能エネルギーの活用という点では今後のさらなる取組が期待されるものの、地域主体が継続的に地域エネルギー事業を発展させてきたという点で参考になる点は多い。

1　平常時は区域内の電力の流れを把握しておき、災害等による大規模停電時には域内の再生可能エネルギーや蓄電池を活用し自立して電力を供給できるシステム。

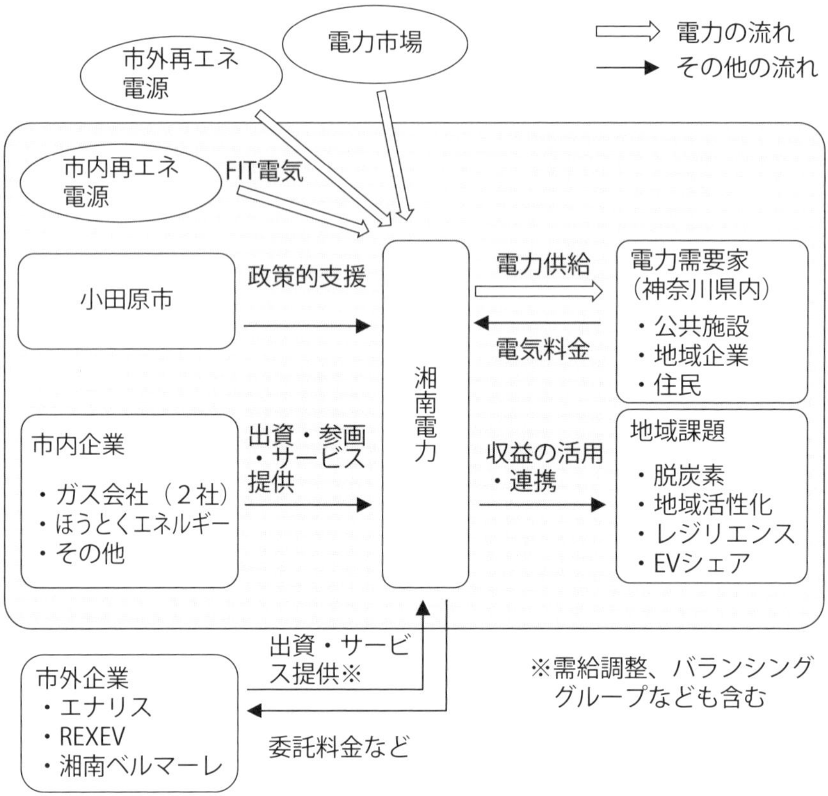

図25　湘南電力の事業スキーム

4　地域エネルギー事業の発展の可能性

これまでの地域エネルギー事業の流れとして、FIT法導入直後は比較的実施が容易であった太陽光発電から始まり、他の発電や熱利用の供給側の事業を進め、2016年の電力小売全面自由化を契機に小売事業への参入が増えた。今後の地域エネルギー事業の対象は、電力・熱に限らず蓄電・建築・交通との統合まで広がっていくだろう。こうした統合はセクターカップリングと呼ばれる。地域エネルギー事業体はこうした総合的な地域の脱炭素の担い手となることが期待される。

エネルギー業界全体にもAI（人工知能）、IoT（モノのインターネット化）、ビッグデータを活用するデジタル化の波が訪れており、地域エネルギー事業にとっても無関係ではない。例えばバーチャル発電所（Virtual Power Plant: VPP）は住宅やオフィスなどの太陽光発電や電気自動車のバッテリーを含め、多数の分散型自然エネルギーや蓄電池、多様な需要のデータを組み合わせて取引し、仮想的な発電や節電の役割を担い、市場での電力取引で利益を得るビジネスモデルである（都市の脱炭素化事例集第5部第2章も参照）。地域に密着した地域エネルギー事業が将来こうしたビジネスモデルと連携する可能性は高い。

地域エネルギー事業として重要なのは、こうしたエネルギーシステムやビジネスモデルの転換を、少子高齢化や防災、交通弱者などの地域の課題解決と具体的に結んでいくことである。

ドイツのシュタットベルケ（Stadtwerke：都市公社）は今後の日本の地域エネルギー事業のあり方を考える上で参考となるだろう。ドイツにはシュタットベルケが700以上あり、その多くが電力・ガス・熱供給といったエネルギーインフラ、上下水道や公共交通といった地域公共インフラを含めて所有・運営する総合的な自治体出資事業体である。多くのシュタットベルケでは、エネルギー事業から得た利益を公共交通のような赤字分野に補填しつつ地域全体の福祉に資する形で運営している。シュタットベルケは一般に高い信頼を得ており、再エネ・省エネを重視した地域のエネルギー転換を総合的・長期的に進める鍵となる組織である。デジタル化やIoTを活用したエネルギー事業を進めるシュタットベルケもある。ドイツと日本では制度や市場の状況が異なるので単純なコピーはできないが、日本の地域エネルギー事業の未来を考える上でシュタットベルケは多くのヒントを与えてくれるだろう。

2050年までのカーボンニュートラルという長期の方向性は定まっており、エネルギー転換の現場である地域には大きなビジネスチャンスがある。外部の専門家やネットワークと連携しつつ、地域のステークホルダーが積極的に地域エネルギー事業に携われば、脱炭素や地域の経済循環に加えて将来のレジリエンス向上やまちづくりなどにもつなげていくことができる。インフラを含めて地域を変えていくためには時間がかかる。だからこそ、2050年に向けて地域のステークホルダーが最初の小さな一歩を早く踏み出すことが重要である。そして国や地域が連携して地域エネルギー事業を育成するための制度的支援を行なうことも必要である。今後も多くの地域エネルギー事業がまちの未来のためのエネルギー転換を担うことを期待したい。

サマリー

地域新電力は電力小売全面自由化を契機に設立され、地域エネルギー事業の領域を拡大した。地域新電力事業では再生可能エネルギーの活用、地域主体の関わり、地域の課題解決が重要であり、課題でもある。神奈川県小田原市のほうとくエネルギー・湘南電力は地域経済循環、脱炭素、地域の課題解決に取り組む事例である。今後の地域エネルギー事業は電力（蓄電）・熱に加え建築・交通・デジタル技術との統合まで広がっていき、地域の脱炭素の担い手となりうる。

Questions

- □ **問題1**　地域新電力のスキームについて説明しなさい。
- □ **問題2**　地域新電力における再生可能エネルギーの活用、地域主体の関わり、地域の課題解決の現状について説明しなさい。
- □ **問題3**　地域エネルギー事業の今後の事業領域の拡大について説明しなさい。

＜参考文献＞
(1) 諸富徹「再生可能エネルギーで地域再生を可能にする」『再生可能エネルギーと地域再生』p.2、日本評論社（2015）
(2) WWEA “Headwind and Tailwind for Community Power: Community Wind Perspectives from North-Rhine Westphalia and the World” p 3 http://www.wwindea.org/download/community_power/Community_Wind_NRW.pdf（accessed 2022-12-20）
(3) IRENA coalition for action “Community Energy: Broadening the ownership of Renewables” p 3 https://coalition.irena.org/-/media/Files/IRENA/Coalition-for-Action/Publication/Coalition-for-Action_Community-Energy_2018.pdf（accessed 2022-12-20）
(4) IRENA coalition for action “Stimulating Investment in Community Energy: Broadening the ownership of renewables” p 9 -p10 https://www.irena.org/publications/2020/Dec/Stimulating-investment-in-community-energy-Broadening-the-ownership-of-renewables（accessed 2022-12-20）
(5) 特定非営利活動法人北海道グリーンファンドウェブサイト　https://www.h-greenfund.jp/citizen-wind/fellow（accessed 2022-12-20）
(6) おひさま進歩エネルギーウェブサイト「おひさま発電所」 https://ohisama-energy.co.jp/fund/ohisama-stations/（accessed 2021-12-20）
(7) 安田陽「地域分散型エネルギーと系統連系問題」大島堅一編『炭素排出ゼロ時代の地域分散型エネルギーシステム』日本評論社（2021）
(8) 環境省環境計画課・環境影響評価課・地球温暖化対策課「地域脱炭素のための促進区域設定等に向けたハンドブック（第１版）」https://www.env.go.jp/policy/local_keikaku/data/sokushin_handbook.pdf（accessed 2021-12-20）
(9) 環境省「太陽光発電の環境配慮ガイドラインの公表及び意見募集（パブリックコメント）の結果について」https://www.env.go.jp/press/107899.html（accessed 2021-12-20）
(10) 環境省「地域における再生可能エネルギー事業の事業性評価等に関する手引き（金融機関向け）」https://www.env.go.jp/policy/（太陽光）ver4.1_確定版.pdf（accessed 2022-12-20）
(11) 環境省大臣官房環境計画課「地域における再生可能エネルギー設備導入の計画時の留意点～再生可能エネルギー設備導入に係るリスクとその対策～」p 9 https://www.env.go.jp/content/900498548.pdf（accessed 2022-12-20）
(12) 農林水産省「令和２年の荒廃農地面積について」https://www.maff.go.jp/j/press/nousin/nihon/211111.html（accessed 2021-12-20）
(13) 三菱商事ウェブサイトプレスルーム「日本初のアマゾン向け再生可能エネルギーを活用した長期売電契約を締結」https://www.mitsubishicorp.com/jp/ja/pr/archive/2021/html/0000047707.html（accessed 2021-12-20）
(14) 資源エネルギー庁「登録小売電気事業者一覧」https://www.enecho.meti.go.jp/category/electricity_and_gas/electric/summary/retailers_list/（accessed 2021-12-20）
(15) 環境省ウェブサイト「地域の再生可能エネルギー設備等導入における事業性評価促進等委託業務　地域の再エネ導入の推進に向けた地域新電力の役割・意義と設立時の留意事項について」https://www.env.go.jp/policy/local_re/renewable_energy/post_13.html（accessed 2021-12-20）
(16) 稲垣憲治「自治体新電力の現状と地域付加価値創造分析による内発的発展実証」京都大学大学院経済学研究科再生可能エネルギー経済学講座ディスカッションペーパーNo.18　https://www.econ.kyoto-u.ac.jp/renewable_energy/stage2/contents/dp018.html（accessed 2022-12-20）
(17) 環境エネルギー政策研究所「2020年の自然エネルギー電力の割合（暦年速報）」https://www.isep.

or.jp/archives/library/13188（accessed 2021-12-20）
⒅ 稲垣憲治・小川祐貴・諸富徹「自治体新電力の現状と発展に向けた検討 ～74自治体新電力の現状調査を踏まえて～」京都大学大学院経済学研究科再生可能エネルギー経済学講座ディスカッションペーパーNo.37 https://www.econ.kyoto-u.ac.jp/renewable_energy/stage2/contents/dp037.html（accessed 2022-12-20）
⒆ 環境省ウェブサイト「地域の再生可能エネルギー設備等導入における事業性評価促進等委託業務 地域新電力事例集」https://www.env.go.jp/policy/local_re/renewable_energy/post_13.html（accessed 2021-12-20）

第 5 章

カリフォルニア州における気候変動政策

この章の位置づけ

政策を検討するにあたって、共通の課題解決に取り組む先進地域から学ぶことは多い。本章では、2045年のカーボンニュートラルに向けて排出量取引や強力な再エネ推進、ゼロ・エミッション車導入等の政策を展開する先進地域として、アメリカ・カリフォルニア州を取り上げる。また、単なる事例紹介にとどまらず、カリフォルニア州ではなぜこれらの政策が展開されているのかを理解し、日本に応用するための補助線として、政策を立案する際の基盤となる考え方を第2節で紹介した上で、第3節で具体的な政策事例を紹介する。

この章で学ぶこと

セクション1　長期目標と対策の方針

カリフォルニア州の気候変動対策の長期目標と、具体的な実施事項の３つの方針を紹介する。

セクション2　政策立案の基本的な考え方：数多くある選択肢からどのように選ぶか

気候変動政策には様々な側面があるが、そのうち環境政策と技術政策としての側面を紹介する。また、気候変動問題のような長期的な技術転換において重要なストックとフローの考え方を紹介する。

セクション3　具体的な政策

２の考え方をベースに、具体的なカリフォルニア州の気候変動政策を、部門横断型、電力部門、交通部門、家庭・業務部門について紹介する。

セクション4　日本が学べること

カリフォルニア州の先進的な取り組みから日本にとって参考になる視点を紹介する。

セクション 1

長期目標と対策の方針

Keywords
デカップリング、IPATの式、電力の脱炭素化、交通の電化

1　カリフォルニア州の概要

政策の議論に入る前に、カリフォルニア州の基礎情報について紹介する。カリフォルニア州は域内総生産330兆円（2020年、１ドル110円換算）、人口3,970万人（2021年推計）を抱える全米最大の州である。経済規模と人口は、それぞれ日本の56％、32％に相当する。面積は42万平方キロメートルで、日本の約1.1倍である。経済規模はイギリスやフランスよりも大きく、米中日独に次ぐ世界第５位である（2020年）。カリフォリニア州は、サンフランシスコやシリコンバレーのハイテク産業、ロサンゼルスのエンターテイメント産業、セントラル・バレーの農業などを経済成長のエンジンとして、国内外からの移住を促し、一貫して高い経済成長率と人口増加率を続けてきた。それと同時に、世界に先駆けて起こったモータリゼーションとそれに伴う大気汚染に悩まされてきた。さらに2000年以降では干ばつと山火事の急増によって、気候変動の悪影響が最も身近に感じられる州でもある。このような環境問題に対し、カリフォルニア州は先進的な環境政策を実施してきた。こうした環境政策は他州や他国の雛形となることが多く、世界的な環境政策のリーダーとして国内外に大きな影響を与えてきた。

2　デカップリング：経済成長・人口増加と温暖化対策を両立する

温室効果ガス（GHG）の排出などの環境影響の原因は一般的に、IPATの恒等式によって分解できる。IPATの式とは1971年にEhrlichとHoldrenによって提案された以下の式である[1]。

$$I = P \times A \times T = Population \times \frac{GDP}{Population} \times \frac{Emissions}{GDP}$$

すなわち、エネルギー消費やGHG排出量などの環境影響（I：Impact）は、人口（P：Population）と経済的豊かさ（A：Affluence）と技術（T：Technology）の3つの要素によって決まるという恒等式である。経済的豊かさは人口あたりのGDP、技術はGDPあたりの排出量で表されている。

このIPATの式が教えることは、技術（T）が一定であれば、人口（P）、豊かさ（A）のいずれかが増加すれば、環境影響（例えばGHGの排出量）は増加するということである。とはいえ、脱炭素化のために人口や豊かさに制限をかけることは望ましいことではない。前述のとおり、カリフォルニアは移民が多く人口が増加し続ける州であり、かつ経済成長も著しい。一方、これらの人口（P）と経済（A）の増加要因を抱えつつ、GHGの排出を削減してきた。それを可能にしたのが、強力な政策と技術（T）である。

カリフォルニア州のIPATの各項をグラフにしたものが**図1**である。**図1**に示すとおり、カリフォルニアの人口やGDPはこの20年間でそれぞれ17%、63%

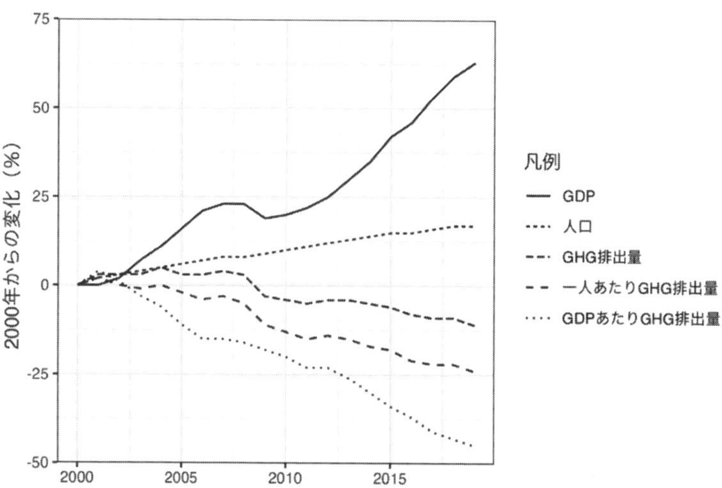

図1　IPAT式の例：カリフォルニア州のGDP、人口、GHG排出量の2000年以降の変化[2]

と大きく増加している。その一方で、GHG排出量は11％低下した。このような状況を、人口及び経済成長と環境負荷のデカップリングと呼ぶ。

※3　カリフォルニア州の気候変動対策

2018年、カリフォルニア州は経済全体でのカーボンニュートラルを2045年までに達成することを世界に先んじて州知事令（EO-B-55-18）において定めた。更に、2045年までの電力部門からの排出ゼロ、2035年までの新車販売の内燃機関車の販売禁止等、カーボンニュートラルを実現するに至るまでの中期的なマイルストーンを示し、戦略的・計画的に各部門の脱炭素化に取り組んでいる。**図2**はカリフォルニア州のGHGの推移と今後の目標を示している。なお、州政府以上に先進的な目標を掲げる州内自治体もある。例えば全米第二の人口を抱えるロサンゼルス市では、2035年までにエネルギーをすべて再生可能エネルギー（再エネ）に転換するという先進的な目標を掲げ、化石燃料から再エネへの移行に取り組んでいる。次節では、これらの目標を達成するイメージを持つために、端的に何を行うのかを紹介する。

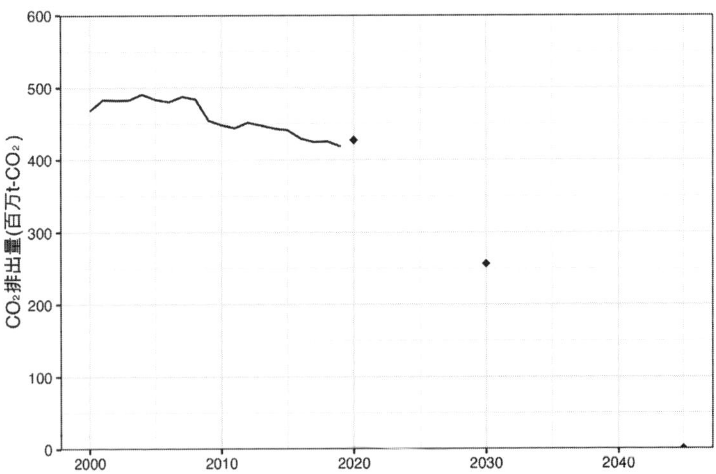

図2　カリフォルニア州のGHG排出量（実線）の推移（2000～2019）と削減目標（点、2020、2030、2045）の比較[2]

4　脱炭素化の基本的な３つの方向性

①　概要

2019年のカリフォルニア州のGHGの年間総排出量は約4.2億トンで、概ね日本の３分の１である。内訳は日本と大きく異なり、交通部門が最大の1.6億トンを占める。続いて産業部門の0.9億トン、電力部門の0.6億トン、業務・家庭部門0.4億トン、農業部門0.3億トンなどが続く。**図３**のとおり、この20年間で最も排出量の削減が進んだのは電力部門で、電力需要の大幅な増加にも関わらず全部門最大の約50％の削減に成功している。その他の部門は微減にとどまっている。

カリフォルニア州の脱炭素化は主に以下の３つの対策によって行われる。電力の脱炭素化、エネルギー利用の電化、エネルギー利用の効率化、の３つである。電化できないエネルギー利用は、水の電気分解や再エネにより製造されたグリーン水素、またバイオマス等のGHGを排出しない燃料を用いるか、やむを得ず化石燃料を利用した後に排出された二酸化炭素の分離・回収・地中や海底での貯留（CCS）を行う必要がある。一般的にこうした水素等の燃料の製造・利用やCCSの費用は上記の３種類の対策よりも高価であるため、カーボン

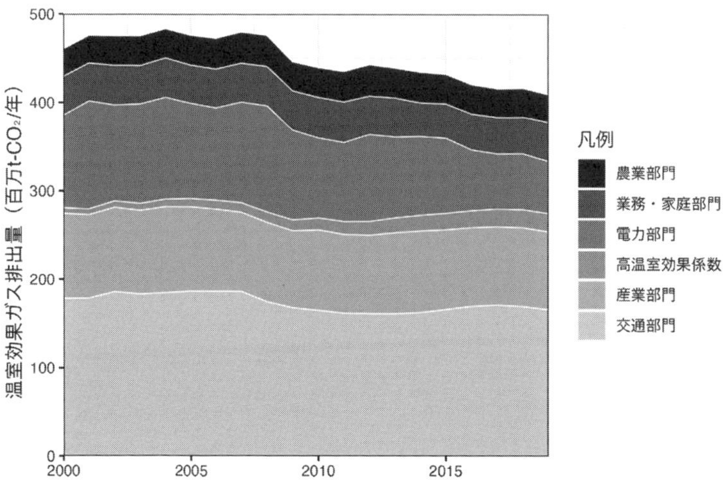

図３　カリフォルニア州のGHG排出量（実線）の推移（2000〜2019）と削減目標（点、2020、2030、2045）の比較(2)

ニュートラル実現に向けた社会的費用低減のためには、ゼロ・エミッション燃料や化石燃料の使用量を可能な限り少なくすることが必要である。以上の対策を組み合わせることによって、石油、石炭、天然ガスという化石燃料由来のGHGの排出量をゼロに近づけることを目指している。本章では、紙面の都合上、網羅的にカリフォルニア州の気候変動政策を記述するのではなく、この三点に絞って解説する。

② 電力の脱炭素化

1878年にエジソンが石炭火力発電所で発電した電力によってニューヨーク市マンハッタンの電灯を照らして以来、石炭や天然ガスなどの化石燃料は、発電のための主要なエネルギー源であり続けてきた。一方、地球温暖化が地球的な課題となって以来、カリフォルニア州では電力部門の脱炭素化のため、排出量取引によって発電所に炭素価格をかけて低炭素な発電に誘導しつつ、並行してRPS（Renewable Portfolio Standard）制度を導入し、小売電力会社に再エネ由来の電気の買い上げを義務付けてきた。RPS制度の下では、カリフォルニア州の電力消費に占める大型水力発電所を除く再エネの割合を、2020年に33％（AB32[a]）、2030年に60％（SB32）にまで引き上げることが決まっている。

更に、2045年にはクリーンエネルギーによる発電を100％とすることが法的に義務付けられている（SB100）。クリーンエネルギーは再エネと原発を含むが、2045年時点ではほぼ全量再エネと考えて差し支えない。

なお、次節のように交通部門、家庭部門、業務部門、産業部門等の他部門においてエネルギー利用の電化が進むことから、今後、電力消費量は大幅な増加が想定される。

③ エネルギー利用の電化

19世紀半ばの産業革命以降、人類は石炭、石油、天然ガスの持つ化学エネルギーを熱源や動力、発電に活用して大きな繁栄を達成した。利便性やエネル

a　カリフォルニア州の州法は、州上院発のAB（Assembly Bill）と州下院発のSB（Senate Bill）の2つがあり、これに法律の番号を組み合わせた方法で呼ばれる。

ギー効率の優位性から、様々な分野でエネルギー利用の電化が進んできたが、自動車や暖房など、いまでも化石燃料を動力や熱源として利用する場面も多い。化石燃料の利用は二酸化炭素の排出を伴うため、こうした化石燃料の利用をゼロ・エミッション電源からの電力利用へと転換（電化）することによって、GHGの排出をゼロに近づけることが重要である。

車社会のアメリカでは交通部門はエネルギー利用の電化の最重要分野である。交通部門はカリフォルニア州最大のGHG排出源で、全体の約４割を占める（日本の場合２割未満）。そのうち、交通部門からの排出量の７割が乗用車で、残り２割がトラックやバスなどの大型車両、残り１割が航空機等である。このため、セッション❶ ❋４②（202ページ参照）の脱炭素化電力と組み合わせ、交通部門の電化は最大のGHGの排出削減対策になる。

住宅・商業部門はカリフォルニア州全体の約１割のGHG排出を占める。この中での最大の排出源は冬場の暖房であり、天然ガスが用いられる。この暖房需要を、日本のように電力によるヒートポンプで置き換えることで、大幅なGHGの排出削減が期待できる。

④　エネルギー使用の効率化

エネルギー使用の電化と同様に、エネルギー消費の効率化も需要サイドの対策である。サービスの質を落とすことなく、効率改善（すなわち熱として浪費されている割合の減少）によってエネルギー消費を下げることを目指す。最も生活に身近なものは、住宅やビルの断熱性能の向上だろう。また、冷蔵庫やエアコンなどの家電、産業用モーター等の効率改善も重要である。これらのエネルギー効率の改善は、連邦政府による電化製品のエネルギー効率規制や、州政府による建築規制などの義務付けが大きな駆動力となる。

BOX 1 市場メカニズムの活用

カリフォルニア州を始めとして、アメリカの環境政策には市場メカニズムを活用したものが多い。その始まりは1990年に開始されたアメリカの酸性雨防止のための排出量取引だが、この章に述べるだけでも、低炭素燃料スタンダード（LCFS）、ゼロ・エミッション乗用車（ZEV）プログラム、キャップ・アンド・トレード、RPSなどが含まれる。アメリカの環境政策の話をすると、「クレジット」という言葉が必ずといっていいほど出てくる。市場メカニズムの仕組みは単純で、企業に対してなにかの義務的な規制（○○を一定以上排出してはいけない、○○を一定以上導入しなければいけない）をかける場合に、その遵守方法の一つとして、クレジットと呼ばれる量を購入して不足分を埋め合わせることを認める、というものだ。一般的にそのクレジットは、他社が義務的な規制を余分に達成した場合か、義務がかかっていない企業が代わりに規制されている排出削減等をした場合に発生することが多い。

さて、なぜアメリカでは市場メカニズムを活用した手法が一般的なのだろうか。それは、規制目的を達成するための社会的費用を減らすことができるからである。ある地域での汚染物質の総量を削減することができれば、あるいは一定量の新しい技術（例えばEVや低炭素燃料）の導入が確保できるのであれば、誰がどのようにそれを実現しようと構わない場合に、市場メカニズムは適用できる。例えば、二酸化炭素は地球上のどこで排出しようと、温室効果は変わらない。このため、市場メカニズムが適用しやすい。その場合、技術も削減余地もたくさんあって簡単に（つまり安価に）汚染物質の排出を削減できる企業と、技術がなかったり増産が不可欠で排出削減が難しい（つまり高価な）企業とがあった場合、前者が排出削減義務を上回るほど削減して、その余った分をクレジットとして後者に売ることで、狙った削減総量を達成しつつ、社会の費用を下げることができる。

この節で述べたとおり、カリフォルニア州はEVの導入量が全米最大であるが、その恩恵を受けたのはテスラ社である。3節で詳述するが、カリフォルニア州は温室効果ガスを排出しないZEVを一定量販売することを各自動車会社に義務付けているが、その技術を持つ会社は少ないか、開発費用がかかる。多くの自動車会社は、義務付けられた割合のZEV（主にEVやプラグイン・ハイブリッド車）を自ら生産する代わりに、義務的割合を大幅に上回るZEVを製造するテスラ社からクレジットを購入し、ZEVプログラムの義務を履行している。一方でテスラ社はクレジットを売却することにより収入源とすることができたのである。

サマリー
　政策を検討するにあたって、共通の課題解決に取り組む先進地域から学ぶことは多い。2045年のカーボンニュートラルに向けて排出量取引や強力な再エネ推進、ゼロ・エミッション車導入等の政策を展開するアメリカ・カリフォルニア州を取り上げ、脱炭素化の目標やその方向性について理解する。

Questions

□ **問題 1**　**図 1** を参考に、2000年を参照年として日本のGHG排出のデカップリングの進展をグラフ作成の上で説明しなさい。

□ **問題 2**　あなたの家庭や会社で考えられるエネルギー使用の効率化への投資の例（数十万円以上）を一つ挙げなさい。

セクション 2

政策立案の基本的な考え方：数多くある政策案からどのように選ぶか

Keywords
限界削減費用・MACカーブ、耐久消費財、ストックとフロー、経験曲線

1　政策の役割：変化をどのように実現するか

カーボンニュートラルを達成するためには、国や地方自治体の政策誘導によって企業や家庭の投資・消費行動を脱炭素に向けて変化させる必要がある。カーボンニュートラルに至る経路はたくさんあるが、その中でも社会的な費用が小さいほど望ましい。すなわち、国や地方自治体はカーボンニュートラルに向けた社会的な費用を最小化する経路を特定し、政策によって企業や家庭の行動を誘導していくことが求められている。

以上を踏まえ、本節では気候変動政策を理解する補助線として、重要な3つの側面を紹介する。第一に環境政策（規制）、第二に技術政策としての側面である。第三に、化石燃料を基盤とする社会から再エネを基盤とする社会への移行（英語ではenergy transitionという言葉を頻繁に使う）を検討する際に重要な長期的な技術変化について述べる。

2　環境政策・規制としての側面

①　概要

GHGは外部経済の代表的な例である。すなわち、GHGの排出によって引き起こされる様々な被害の費用が企業や家庭の排出の際に負担されないために、社会的に最適な水準よりも過大な排出が発生する。このような1トンのCO_2を追加的に排出した場合に発生する世界全体の被害の費用を、炭素の社会的費用（SCC: Social Cost of Carbon）と呼ぶ。オバマ政権以降、アメリカ連邦政府や

カリフォルニア州政府は炭素の社会的費用を気候変動政策立案の際の基本的な指針として用いてきた。この費用の算出には、気候変動による社会・経済の影響を計算する大規模なコンピュータ・シミュレーションモデルである統合評価モデル（IAM: Integrated Assessment Model）が用いられる。

炭素の社会的費用は時間とともに増加することが知られており、2021年現在、バイデン政権下では二酸化炭素１トン当たり51ドル（割引率３％）で様々な環境規制の費用便益分析が行われている。この社会的費用には、世界の農業生産性や労働生産性の低下、熱中症等の健康影響等が含まれる。

こうした外部不経済による汚染物質の過大排出を回避するための方法としては、一般的には、価格メカニズムを利用して排出につながる行動を変化させる方法と、排出につながる行動を直接規制する方法の２つがある[3]。炭素税や排出量取引は、適切な税率や排出枠を設定し、炭素の社会的費用と同水準の炭素価格を課すことで、社会的に最小の費用で排出量を適切な水準に抑えることを目指している。一方、行動の直接規制には、特定の技術を指定してその使用や不使用を義務付ける方法や（テクノロジー・スタンダード。例：石炭火力発電所の廃炉や白熱電球、内燃機関車の販売中止など）、どのような技術を用いても良いが一定性能を達成するように義務をかける方法（パフォーマンス・スタンダード。例：大気汚染規制など）がある。

②　限界削減費用曲線（MACカーブ）

限界削減費用曲線（MACカーブ）は、上記のような気候変動政策を立案する際に、最も基本的な情報を与える図である。**図４**に沿ってその概念を説明する。MACカーブとは、ある時点（例えば2022年）、ある地域（例えばカリフォルニア）において多数存在する排出削減対策の排出削減費用（縦軸）と排出削減ポテンシャル（横軸）の両方の情報を一つのグラフに集約し、一覧できる政策コミュニケーションのための図である。本書では、いわゆるボトムアップ・アプローチ（又はエキスパート・アプローチ）のMACカーブを紹介する[4]。このアプローチにおける限界削減費用とは、詳細な排出削減技術の用途それぞれについて、CO_2を１トン削減するのに必要な追加的な費用を指す。最も簡略化

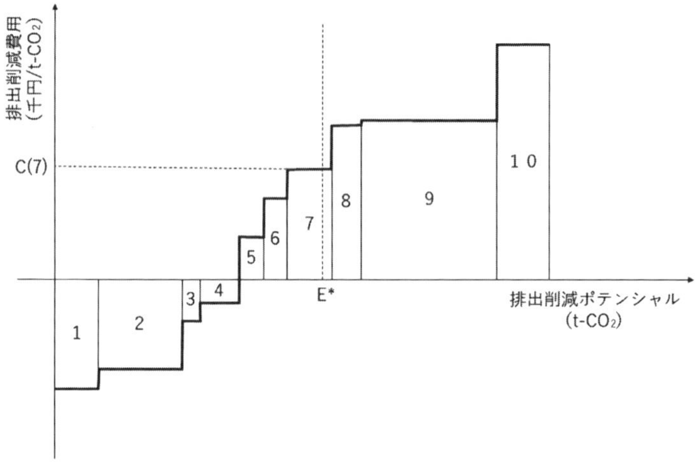

図4　限界排出削減費用曲線（MACカーブ）の概念図

した計算方法として、以下を紹介する。

$$MAC_j = \frac{-NPV_j}{Q_j} = \frac{\sum_{t=1}^{n} \frac{Cost_{j,t} - Saving_{j,t}}{(1+i)^t}}{\sum_{t=1}^{n} Q_{j,t}}$$

すなわち、技術jの限界削減費用MAC_jは、一定期間（t＝1,.., N年）に渡る費用の正味現在価値NPV_jをその期間のCO_2排出削減量Qjで割ったものである。省エネ技術でエネルギー費用の減少分が費用よりも大きくなる場合には、限界削減費用は負の値になる。

図4の場合、10の排出削減対策があり、それぞれについて排出削減ポテンシャルと排出削減費用が計算されている。そして、最も費用が小さいものから対策を左から順に並べ、排出削減量を横軸にした階段状のグラフを書くことでMACカーブが完成する。

仮にその時点で**図4**のE^*トンの排出量を削減したい場合には、対策を1から7まで実施することで費用を最小化することができる。また、MACカーブと横軸の間の面積が、それらの対策を実施するための社会的費用となる。逆に、**図4**において炭素価格をC(7)千円／トンの水準に設定すれば、対策1から7を実施すると収益が得られるため、企業や家庭にはこれらの対策を実施するインセンティブが生まれる。このように、MACカーブは多数ある排出削減対策の中から何を実施すべきかを考える優先順位付けを検討することができるほか、一定の排出削減目標を達成するために必要な炭素価格や最小の社会的費用を計算することができる。

一方で、前述のとおりMACカーブはある一時点での排出削減費用とポテンシャルを切り取ったものであり、2045年や2050年といった長期の脱炭素化を検討する際には複数時点でのMACカーブが必要となる。次節に述べるとおり、脱炭素化技術はまだ未熟であるために価格の低下速度が著しく、MACカーブの形は時点によって大きく異なる。このため、政策誘導によって対策の低価格化を図ることは長期間の費用低減において重要である。

また、MACカーブには実施に要する期間や対策間の相乗効果が考慮されていない。さらには、短期的には安価な対策を取ることで、既存技術を延命（ロックイン）させ、長期的なエネルギー転換を遅らせる可能性も指摘されている。これらの理由により、MACカーブは政策コミュニケーションには非常に効果的だが、2050年のような長期的な脱炭素化の問題について、現時点のMACカーブから単純に低コストの対策を順番に実施することが最適とはならないことに注意が必要である。経済全体へのカーボンプライシングの実施は万能ではなく、それぞれの技術の成熟度や更新年数などの技術的特性まで考慮した部門別の政策と組み合わせることが効果的である。

❋3　技術政策としての側面

二酸化炭素（GHG）を無償で排出できる経済外部性は市場の失敗の代表例であり、カーボンプライシングが導入されている国はまだ少ない。このため、低炭素技術は比較的新しい技術が多く、したがって既存技術よりも費用が上回るものが多い。現時点で比較的高価な脱炭素技術のコストを、決められた時間

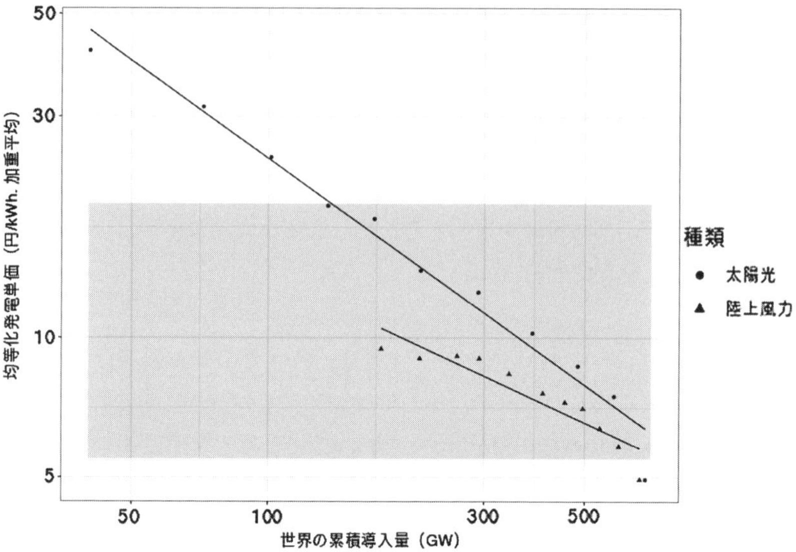

図5　学習曲線の例：2010年から2020年までの世界の太陽光発電と陸上風力発電の累積導入量と均等化発電単価（LCOE）の関係[9]。網掛け部分は一般的な火力発電所の発電単価

軸の中でどれだけ下げることができるかが、社会の脱炭素化の総費用を大きく左右する。近年の太陽光発電、風力発電、蓄電池の大幅なコスト低下は、世界各国の技術政策の成果である。**図5**は2010年代の太陽光発電と陸上風力発電の均等化発電単価（LCOE。発電にかかる平均費用）の変化を示したものである。技術が大量に導入されるにつれて（横軸）、コストが大きく下がっているのがわかる（縦軸）。網掛けの部分は化石燃料による火力発電所の一般的な発電単価であるが、2020年の太陽光発電と陸上風力発電はともにその範囲よりも安価な費用になっている。すなわち、世界の多くの地域では、これらの再エネは火力発電よりも安価な電源となった。

脱炭素技術の費用低減のメカニズムには様々なものがあるが、規模の経済と技術革新が特に大きなものとされている[5]。このため、新技術の市場を政策的に支援し、市場が拡大することを通じて価格を下げる技術政策が世界各地で導入されている。**図5**の直線は、このデータの範囲から計算した学習曲線である。このように大量生産による費用低下は分野を問わず確認されており、経験的に累積生産量Vと単価C（V）との間には以下の式のような関係があることが知られている。この方程式を学習曲線（Learning Curve）、または経験曲線（Experience Curve）と呼び、政策立案時の基礎的な検討に用いられる[6]。V０、C（V０）はそれぞれ当初の生産量と単価であり、bは曲線の傾きを示している。今後も太陽光発電や陸上風力発電の導入が世界中で拡大することは確実であり、さらなる発電単価の低下が見込まれる。

$$\frac{C(V)}{C(V_0)}=\left(\frac{V}{V_0}\right)^{-b}$$

古典的に、技術政策は需要プルと供給プッシュの２つに分けられる[7]。需要プルは補助金や政府の購入によって初期的な市場を作るもの、供給プッシュはR&Dや実証等の生産者への補助金によって技術の商用化を後押しするものである。カリフォルニア州の気候変動政策の多くは、特に前者の需要プル政策を中心とする技術政策的な側面を色濃く持っている。

※4　長期的な技術変化

①　フローとストック：耐久財の更新時期の重要性

カリフォルニア州で2045年にカーボンニュートラルを実現するためには、原則として、化石燃料を使用する装置や施設の使用を2045年までに終了することが必要になる。耐用年数が残っているものを使用禁止にすることは所有権との関係もあって容易ではなく、耐用年数が終わった際の更新時にEV等の脱炭素技術に置き換えるのが最もスムーズである。2045年まで20余年があるが、多くの耐久財の耐用年数は20年を超えるため、義務付けや補助金等によって耐用年数に応じた技術転換を今すぐ政策的に誘導することが不可欠である。2045年や2050年は遠い未来の話ではまったくない。

このように、脱炭素社会への以降を考える際には、ストック（既に導入されているもの）とフロー（新規に導入されるもの）とを区別して働きかけることが重要である。例えば、耐用年数が10年以上の耐久材は、毎年導入される量が一定の場合、既に導入されているストックの量は、一年間に導入されるフロー

BOX 2　需要プルと供給プッシュの政策

本節で、技術の費用を下げるための技術政策として、需要プルと供給プッシュの2つの古典的な枠組みを紹介した。需要プルとは、政策的に需要を作り出すことによって新しく高価な技術の市場を拡大し、大量生産による規模の経済と競争による技術革新を促進するものである。例えば日本では、グリーン購入法によって環境物品の市場を拡大したり、補助金や税制優遇によってまだ高価な新規技術に既存技術との価格的な競争力をもたせたりする政策が導入されている。供給プッシュとは、要素技術の研究開発や、商用化前の技術の実証事業等に補助金を付与するなど、求められる新規技術の商用化を後押しするものである。すでに商用化され、価格競争力が課題となっている技術は需要プルの政策が有効である。一方、技術のライフサイクルの中で早期に位置づけられるものの場合は、供給プッシュの政策が有効である[8]。

の量よりも10倍以上大きい。一度導入されたストックを抜本的に変えることは難しいことから、脱炭素化においてはフローへの政策的対応を早く始めることが重要である。

例えば自動車の平均耐用年数は10〜15年であるため、2045年にガソリン車の使用を禁止するためには、2030〜2035年には新車の販売を禁止することが必要になる。後述するとおり、カリフォルニア州において化石燃料を用いる乗用車（ハイブリッド車含む）の新車販売を2035年に禁止するのはこのためである。ヨーロッパ各国やカナダなどがガソリン車販売禁止を2030年代に設定しているのも同じ理由である。耐用年数が長いほど、販売禁止などの対策を早期に取る必要がある。**表1**に各技術の代表的な耐用年数をまとめた[8]。ある財の平均的

表1　各財の平均的な耐用年数[10]

技術	平均的な耐用年数（年）
蛍光灯	1－2
乗用車	10－15
冷蔵庫	15－20
石炭火力発電所	40－60
ビル	50－100

な耐用年数がn年で一定でストックの総量が変化しないとすると、平均的にはストックの1／nずつがフローとして置き換わっていくことになる。例えば乗用車の平均耐用年数が15年で、日本国内の乗用車数が一定であるとすると、乗用車の新車販売台数は乗用車数全体の1／15＝6.7％に相当する。

その他の例としては、過去数年間、石炭火力発電所の新設が世界的に問題視され、世界銀行や先進国の金融機関が今後の石炭火力発電への融資を行わないことが次々と決定されたことが記憶に新しい。石炭火力発電所のように耐用年数の長い設備や装置は、長期にわたる資金計画にもとづいて投融資を受け、多額の初期投資をして建設・運転を行っている。したがって、一度そのような設備を導入すると、耐用年数近くまで運転する強いインセンティブが働く（技術のロックイン）。このため、耐用年数の長い技術については、更新時や新設時を捉えて脱炭素なものに切り替えることが最も重要となる。

② 技術の置き換わりを定量化する：ロジスティック成長モデル

現在の化石燃料を基盤とする社会から脱炭素社会への移行には数十年を要する。一夜にしてガソリン車がEVに転換するわけではない。その数十年間、新技術が既存の技術を置き換えていく状態が続き、新技術と既存技術が混在する。

その速度を決めるのは前節で述べた耐用年数以外にも、技術革新と費用の低減の速度などがあり、技術を取り巻くインフラを含むエコシステムの形成も重要になってくる。政策を考える際には、新技術が既存技術を置き換えていく速度を定量的に計算し、それが地域社会（例えば税収やガソリンスタンドの将来予測）等に与える様々なシナリオを具体的に作ることが必要となる。

こうした新技術の置き換わりを定量的に表す手法として、ロジスティック成長モデルがよく用いられる[10]。新技術は初期に緩やかな速度で広がるが、ある時点で急速に普及速度が高まり、最終的に飽和するというS字カーブの曲線を描くことが多い。ロジスティック成長モデルは、以下のとおり数学的に記述される。

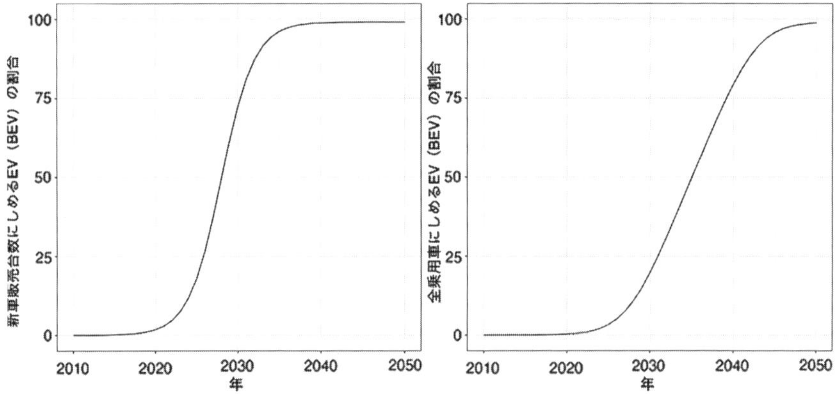

図6　ロジスティック成長曲線の例:カリフォルニアにおけるEV導入割合のイメージ。
左は新車販売に占めるEVの割合、右は全乗用車に占めるEVの割合。

$$P\,(\mathrm{t}) = \frac{P_{max}}{1 + \exp(-r * (t - t_m))}$$

P(t) は時点tにおけるある技術の占有率、P_{max}は最終的な当該技術の占有率、rとt_mはパラメータとして具体的なデータから上記式とのフィッティングにより推定される。ロジスティック成長曲線の例を**図6**左に示した。カリフォルニアはこれまでのEVの導入率と、2035年に新車販売台数をすべてEVにするという発表が達成されるものとして、推定を行った（全乗用車数は一定とする）。左の図は2020年代の後半には新車販売台数の半数をEVが占め、2035年には100％に達することを示す。一方、前述のとおり乗用車の平均耐用年数は15年であることから、１年間に全乗用車の１／15ずつしか新車に置き換わらないために、右側のストックのグラフでは2050年に100％に近づいている。耐久消費財のストックの置き換えには長い時間がかかるということがわかるだろう。

サマリー

気候変動政策を環境政策として見たときに、それぞれの対策の限界削減費用を把握し、炭素の社会的費用との比較を行うことが重要である。また、新しい技術が多い脱炭素技術は費用の大幅な低減が必要なことから、技術政策の側面から市場形成の支援が必要となる。また、発送電、交通や建物など長期的に使用されるインフラの置き換えを検討する際に重要なストックとフローの考え方を紹介した。

Questions

□ **問題 1**　一軒家の窓を二重窓に変える場合、必要な費用は20万円で、年間３万円の電気代削減、CO_2排出効果は年間0.5トンだという。割引率を２％とすると、この対策の限界削減費用はいくらか。

□ **問題 2**　現在、５つの温暖化対策技術があり、それぞれの限界削減費用［千円／t-CO_2］と排出削減量［百万t-CO_2］の組み合わせは（２、３）、（－１、２）、(10、１）、（５、１）、(20、１）である。MACカーブを描け。また、年間６百万t-CO_2の削減を最小の費用で達成したい場合、どの技術をどのように組み合わせるべきか、答えよ。

□ **問題 3**　問題１の対策が、いずれもすぐに実施可能であると仮定する。５百万トンのCO_2を削減したい場合、少なくともいくらの炭素税をかける必要があるか、答えよ。

□ **問題 4**　太陽光発電システムの世界の累積導入量は今後10年で４倍になるという予測がある。その予測に従うと、太陽光発電システムのコストは同期間に何％下がるか、学習曲線を用いて計算せよ。なお、過去のコストデータよりb＝0.51とする。

□ **問題 5**　住宅の平均耐用年数が40年であるとする。住宅のストックが一定として、一年間に何％が新築住宅と入れ替わるだろうか。

セクション 3

具体的な政策の例

Keywords
排出量取引、カーボンプライシング、RPS、交通部門と熱部門の電化

1　排出削減目標と制度的枠組み

気候変動対策は、社会経済のあらゆる分野に関連するため、縦割りの分断した対策では効率的に実施することが難しい。このため、カリフォルニア州では気候変動対策に関する包括的な法律であるAB32を設け、20の関連部局が連携して計画を作成し、気候変動対策に取り組んでいる。

カリフォルニア州温暖化解決法（AB32）は2006年に施行され、2020年までに州のGHG排出量を1990年の水準まで減少させることを義務付けた。さらに、パリ協定の２℃目標達成に向けて2016年に成立したSB32によって同法は延長され、2030年に1990年の水準から40％の排出削減を義務付けた。すなわち2020年からの10年間で約40％の排出削減を義務付けるという野心的な目標となっている。さらに同法では、2050年までにGHGを80％削減することも義務付けている。また、法律ではないが、2018年には州知事令によって2045年までのカーボンニュートラル目標を定めたところである（EO-B-55-18）。

産業、交通、住宅、業務等の各部門での対策は、全てこれらの包括的な目標及び法制度の下で計画、実施、進捗管理されている。

2　分野横断政策：排出量取引制度

カリフォルニア州では、経済全体での大幅なGHG削減を低コストで実現するために、キャップ・アンド・トレード（排出量取引）制度を2012年から導入

している。同制度は年間2.5万トン以上のGHGを排出する約450の事業所（発電所、工場、天然ガス供給者等）を対象とし、州の排出量の85％をカバーしている。これらの対象事業所は、2012年から2020年までは毎年約３％削減、2021年から2030年までは毎年約５％の削減を義務付けられている。対象となる事業者は、この排出削減義務を守るために、自ら省エネ投資等を行って排出量を削減するか、あるいはオークションや市場取引で排出枠やオフセット・クレジット（排出義務量の８％まで）を購入するかのいずれかを選ぶことができる。排出枠の無償配分割合は毎年減少し、その分オークションでの購入割合が増加している。

排出量取引は炭素税と同じくカーボンプライシングと呼ばれる手法である。制度の対象となる排出者は、それぞれが実施可能な排出削減対策の費用を精査し、オークションや排出枠取引で形成される排出枠価格（炭素価格）と比較して、自らの持つ対策がより安価な場合には実施するインセンティブを持つ。同時に、排出削減義務が履行できない場合には、排出枠を購入して義務履行にあてることができる（柔軟性措置）ことで、経済全体の社会的費用を最小にすることができる。例えば、年間1000トンの排出しか認められていない場合に、100トンの排出枠を購入することにより、1,100トンの排出が認められる。また、キャップ・アンド・トレードでは炭素税と異なり排出量の総量をコントロールすることが容易である。

このため、排出量取引制度は、分野横断型の政策として、以下に述べるような電力、交通、その他の部門独自の脱炭素政策と併用され、最低限の削減を確保する機能を果たしている。

また、排出枠のオークション売却による収益は、一部は気候変動対策に用いられ、残りはカリフォルニア気候クレジット（CCC）として市民に還付（返還）される。前者はGHG削減ファンド（GGRF）において管理され、カリフォルニア気候投資（CCI）プログラムを通じてAB32の目的のための様々な活動（交通部門、業務・家庭部門、森林管理部門、農業部門等）に予算配分されている。次項以降に述べる部門別対策の事業予算はCCIによるものがほとんどである。ここ数年のCCIの予算額は15億ドル程度（約1,725億円）で推移している。環境的公正（Environmental Justice）の観点から、CCI予算の最低35％は所得や汚染等の観点から最も弱者とされる地域に配分することが決められている（AB1550）。

3　電力部門の対策

①　概要

アメリカの電力網は3つに分かれており、カリフォルニア州はWECC（Western Electricity Coordinating Council）と呼ばれるロッキー山脈以西の米国14州、7,100万人、及びカナダ・メキシコの隣接地域をカバーする電力網に属する。アメリカでは電力に関する政策・規制の多くは、州をまたぐ卸売電力取引に関する連邦政府の一定の関与のもと、州政府が決定する。

カリフォルニア州では、この20年間で電力需要が伸びたにも関わらず、電力部門からのGHG排出量は44％低下した。これは全部門で最も大きなGHG排出削減率である。その結果、消費電力量あたりGHG排出量はほぼ半減の49％削減となった。**図7**に示すとおり、州内の再エネはこの20年間で州内の発電電力量の約半分を占めるまでになった。この成功がどのような政策によって可能になったのかを以下で説明する。

②　発電

これまで、カリフォルニア州を含むアメリカの各州は、固定価格買取制度（FIT）を中心とする日本やヨーロッパと異なり、RPS（Renewable Portfolio Standard）制度を用いて再エネの導入を進めてきた。RPS制度とは、州政府（公益委員会：CPUC）が小売電力会社に対し、販売電力の一定割合の再エネ電力を購入又は発電することを義務付けるものである。小売電力会社各社は、入札を通じてRPS制度で義務付けられた量の再エネ電気を調達又は発電している。どの種類の電源をRPS制度の再エネに含めるかは州によって異なる。カリフォルニア州のRPS制度では、州の発電電力量の約1割を占める大型水力発電は再エネには含めない。カリフォルニア州政府のRPS制度の再エネ販売義務率

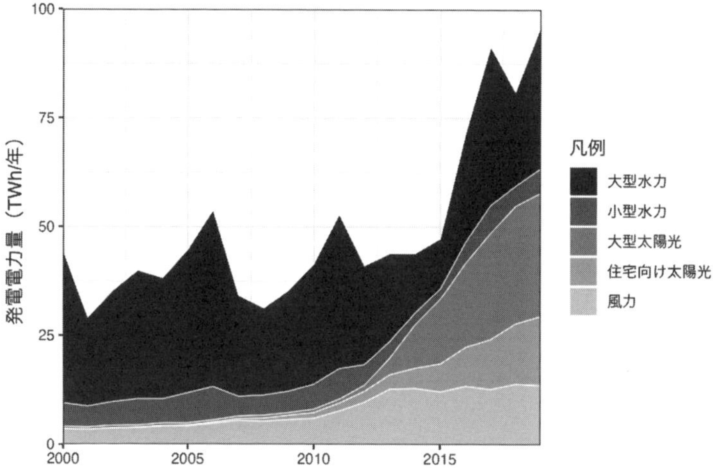

図7　カリフォルニア州における再生可能エネルギーの発電電力量の推移[2]

は年々上昇し、2020年には販売電力量の33％、2030年には少なくとも60％まで引き上げられる（SB100、2018）。

さらに、少なくとも2045年までには、大型水力を含めたクリーンエネルギー（GHGの排出を伴わないエネルギー）で100％の小売電力をまかなうことがSB100で義務付けられている。

RPS制度が日本やヨーロッパのFIT制度と異なるのは、原則として入札を中心とする技術中立な制度であり、入札時点で安価な再エネ技術を優先的に導入するという点である。つまり、太陽光発電と風力発電など、異なる再エネ技術間の競争を促すことに特徴がある。このため、**図7**に見られるように、相対的に風力発電が安価であった2000年代から2010年代はじめまでは風力発電がRPS制度においては支配的な再エネであったが、2010年代以降、太陽光発電が風力発電よりも安価になってからは、太陽光発電の導入が急速に進んでいる。今後は太陽光発電に加えて洋上風力発電の導入が想定されている。

以上のように、アメリカの再エネ政策は州政府がRPS制度を通じて導入することが基本であるが、連邦政府の支援もまた、各州における再エネの導入に大きな役割を果たしてきた。これまで、ITC（Investment Tax Credit）及びPTC（Production Tax Credit）という補助によって、プロジェクトの期待収益が改善し、再エネへの投資が促進されてきた。ITCは初期投資の一定割合を税還付（補助）するものであり、PTCは発電電力量に比例して税還付（補助）を行うものである。

③　柔軟性の強化：電力システムへの再エネ統合の要件

再エネの中心である太陽光発電と風力発電はともに変動再エネ（Variable Renewable Energy）と呼ばれ、出力をコントロールすることができない。一方、経済的な観点からは、発電に伴う限界費用が非常に小さいため、原則として発電した電力は電力システムにおいて利用される。電力システムでは電力の供給と需要とが常に一致していることが必要であり（同時同量という）、そのバランスが崩れると大規模停電等の大きな問題を引き起こす。同時同量の確保のためには、変動再エネの出力の変動性と不確実性への電力システム側での対処が重要になる。このような電力システム側で出力を調整して同時同量を達成するための資源を柔軟性資源（flexible resources, flexible capacity, operational flexibility）と呼ばれる。

このような柔軟性を提供できる資源は、天然ガス火力発電等の大幅で迅速な出力変動が可能な（dispatchable）発電所、蓄電池や揚水発電等のエネルギー貯蔵、送電線、電力需要のピーク時に需要者に電力使用の抑制を促すデマンドリスポンスなど様々な種類がある。それぞれの柔軟性資源には、対応できる速度、確保できる期間、費用など様々な特徴があり、それらを経済的に組み合わせて社会的費用を最小化する方法で電力システムとして柔軟性を十分に供給する必要がある。

RPS制度の導入以降、太陽光発電や風力発電等の変動再エネが発電電力量に占める割合が急速に高まっているカリフォルニアは、電力システムの柔軟性の強化に取り組んできた。ここでは、今後大幅な拡大が期待されるエネルギー貯蔵について紹介する。これまでの研究により、変動再エネが発電電力量の２割

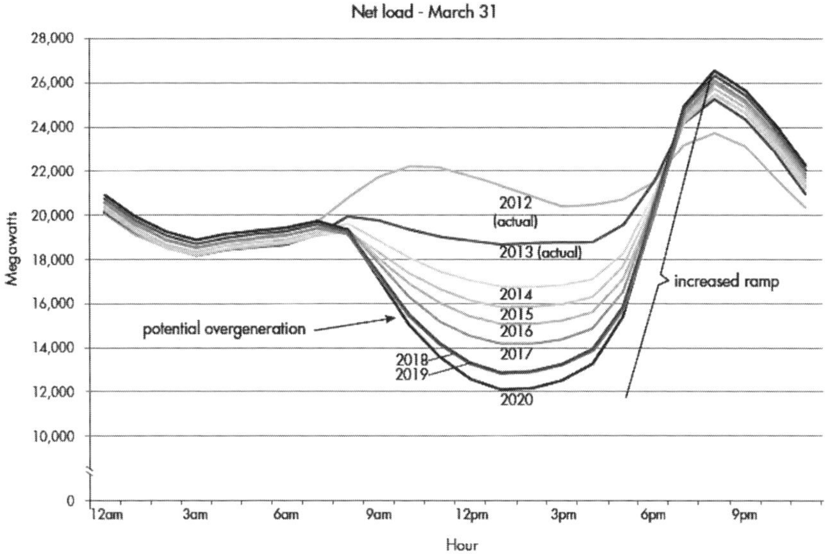

図８　３月31日のカリフォルニア州の残余電力需要の経年変化（ダックカーブ）[11]

から３割程度を占める頃から、エネルギー貯蔵の必要性が発生することがわかっている。カリフォルニア州では2021年末の段階で、州内の発電電力量の２割以上を太陽光発電と風力発電が占めており、今後エネルギー貯蔵の必要性が高まることがわかっている。

エネルギー貯蔵には、期間によって大きく分けて３つの種類が存在する。一つは１日以内の出力変動のための貯蔵（diurnal storage）である。こうした短期の出力変動に対しては、リチウムイオン蓄電池を活用することができる。カリフォルニア州は日照時間に恵まれており、太陽光発電が風力発電を凌いで最も安価な再エネになったことから、RPS制度の下で太陽光発電の導入が急速に進んでいる（2020年末時点で州内発電電力量の15％）。太陽光発電は、日の出とともに出力が急速に立ち上がり、日没とともに出力がゼロまで下がるという一日の変動が大きいことが特徴である。日没後は照明や調理、冷暖房等で電力需要が最も高まる時間帯であり、毎日大きな柔軟性資源のニーズがある。**図８**に示すとおり、こうした電力需要の日中の変化があひる（ダック）に似ているために、ダックカーブ問題として知られている。

こうした毎日発生する（Diurnal）柔軟性に対応する蓄電池について、カリフォルニア州はいち早く法律を整備して小売電力事業者に対して導入を義務付け、市場の立ち上げを先導した。カリフォルニア州政府は2021年までに2.15GWのリチウムイオン蓄電池の導入を義務付け、世界最大の蓄電池が導入されている。

残りの２つは、数日に渡るエネルギー貯蔵（cross-day storage）と季節をまたぐエネルギー貯蔵（seasonal storage）である。例えば風力発電は数日に渡って出力が低下することがあり、上記の短期間（通常４時間）のリチウムイオン蓄電池では対応が難しい。揚水発電はこうした数日に渡る需要に対応できるエネルギー貯蔵技術である。一方、揚水発電の適地は限定されており、カリフォルニア州では今後の開発は期待できない。このため、出力期間が長いレドックス・フロー電池等の化学電池の開発が行われている。

最後の季節をまたぐエネルギー貯蔵（seasonal storage）に関しては、現時点では技術的な対策が明らかではなく、カリフォルニア州政府も研究資金を提供して、盛んに研究が行われている。将来的にはカリフォルニア州最大の電源となる太陽光発電の出力は、夏に大きく、冬に小さく、季節的な変動が大きい。一方、暖房の電化（天然ガス暖房のヒートポンプによる代替）によって将来的には冬場に残余需要が最大化するために、冬場の電力不足にどのように対処するのかが問われている。このため、冬場に発電がピークを迎える洋上風力発電や、水素発電等の季節をまたいだエネルギー貯蔵の活用が期待されている[(12)]。

4　交通部門の対策

①　概要

カリフォルニア州では最大のGHG排出部門である交通部門の脱炭素化は急務である。また、カリフォルニア州は自動車排ガスによる大気汚染がアメリカで最も深刻な地域であり、脱炭素化と大気汚染削減・公衆衛生の両方の観点から対応が求められている。

② 乗用車

交通部門の中で最大の排出量を占めるのが乗用車（light duty vehicle）である。2045年のカーボンニュートラルに向けて、カリフォルニア州政府は2035年に乗用車の新車販売をすべてゼロ・エミッション車（ZEV）にする州知事令を2020年に発令し、2022年８月には具体的な規制内容が発表された。自動車メーカーは、新車販売にZEVが占める割合を2026年に35％、2030年に68％まで高めることが義務付けられた。カリフォルニア州は2019年時点で60万台のZEV車を2025年に150万台、2030年に500万台へ増やすこととしている（同州の登録車数は約2,500万台）。カリフォルニア州はこれまでにも需要プル型の技術政策であるACCP（Advanced Clean Car Program）によって、新車販売に占める一定割合をZEVとすることを自動車メーカーに義務付けることでZEVの市場を拡大し、大量生産と技術革新によるコスト低下を目指してきた。その結果、カリフォルニア州は2021年現在、アメリカ国内のバッテリー式電動自動車（BEV）の累積販売台数の約半数を占めている。ACCPでは、2025年までに新車販売に占めるZEVの割合を22％まで高めることを自動車メーカーに義務付けている。ZEV内のBEVと燃料電池車（FCV）との内訳は州側で決められていないが、乗用車の場合はBEVがほぼ全量を占めると思われる。2019年７月時点で、FCVの累計販売台数は7.7千台であり、BEVの33万台、プラグイン・ハイブリッド車（PHEV）の26万台と比較して小さい。

現時点で2035年のZEVにはEV、FCVが含まれることは確定しているが、PHEVの扱いはまだ確定していない。カリフォルニア・エネルギー委員会（CEC）の試算によれば、2035年のZEVの95％がEVとされており、乗用車についてはZEVはEVを表すものと考えて差し支えない。

このACCPによる新車販売における自動車メーカーへの一定割合のZEV販売義務付けに加え、ガソリン車等に比較してまだ高価なEVの販売を促進するために、CCIの一部として、消費者に対するEV購入時の補助（Clean Vehicle

BOX 3　費用対効果以外の政策の評価基準

本章では、気候変動対策の本来の目的であるGHG排出削減量と削減費用を、政策を評価する際の評価基準として紹介した。現実の政策立案の現場では、政策を選ぶ際の評価基準として他にも様々な観点を考えければいけない。政治的・行政的な実現可能性や適法性は、常に行政官の頭の中にあるものだろう。他にも、雇用創出の機会、他の行政課題への好影響・悪影響、強力な支援者・反対者の存在などもある。そうした複数の評価基準から総合的に判断をした上で、政策は決められる。環境問題は、政治問題であり、社会問題であり、経済問題である。環境のみを考えていては、何ら実行されないことも事実である。

このような政策決定のプロセスを整理するために、「アウトカムマトリックス（アウトカム表）」というツールがアメリカの政策の現場ではしばしば用いられる。とてもシンプルなもので、各行に考えられる政策案、各列に評価基準を書き、候補となっている政策案をそれぞれの評価基準について評価する。橋にも棒にもかからない政策案は外していき、最後の数候補となったときには、ある基準では良い評価を得るが、違う基準では悪い評価を得るといったトレードオフが明確化されることが一般的である。重要な評価基準を左から書くことが一つのコツである。

筆者が全国各地の地方自治体で政策立案研修をする際に、このアウトカムマトリックスを紹介すると、いつも好評をいただく。頭の整理のために活用してみてほしい。詳細は拙訳「政策立案の技法」[13]をご参照ください。

Rebate Projectによる1台あたり7千ドルの補助）により、円滑なEV化への移行を進めている。こうした補助金は、価格の引き下げによる市場拡大と大量生産でコスト削減を目指す需要プルの政策といえる。また、今後5年から10年間でEVはガソリン車よりも安価になると考えられており、その価格差がなくなれば終了する時限的な政策である。

カリフォルニア州政府は産業の初期段階にある充電インフラの整備においても重要な役割を果たしている。カリフォルニア州議会はAB2127に基づき、2030年までに必要なEV充電インフラの評価と必要な政策を2年に1度公表することを州政府に義務付けている。この評価によれば、州政府は2025年までに25万台の充電設備（うち1万台は直流急速充電設備）の構築が必要だとしている。2021年１月時点では、そのうち７万台の充電装置（うち６千台は直流急速充電装置）の設置が終了している。現在のようにEVの数が少なく利用頻度が低い初期段階では、民間企業が行政の支援なしに充電インフラに投資しても採算を取ることが難しい。このため、カリフォルニア州政府はCCIを通じて充電インフラの初期投資費用の一部を補助している。このほか、2011年に開始された低炭素燃料スタンダード（LCFS）では、石油精製事業者等の各燃料製造者等に炭素強度（燃料が含む単位エネルギーあたりの二酸化炭素排出量）の削減義務を課しており、これを自ら達成できない燃料製造者等はクレジットの購入により遵守する必要がある。このLCFSのメカニズムのもとで、充電インフラは低炭素な燃料を供給する拠点として、充電量に応じたクレジットを生成することができ、そのクレジットの売却により、収入を得ることができる。このように、政府の補助金やLCFSのクレジットを通じた収入源の補完により、様々なビジネスモデルの充電産業が立ち上がり始めている。

③　トラック・バス

トラックやバス（Heavy Duty Truck）は、技術的に乗用車よりも脱炭素化が難しいために、まだ具体的な化石燃料車のフェーズアウト時期やその種類（EVかFCVか）は明確に決められていない。一方で、スクールバスや港湾のトラック等、州政府や自治体が所有するものに関しては率先して脱炭素化のロードマップを引いて対応を進めている。これも政府主導の市場形成（需要プル）の事例である。政府の購買によって一定規模の市場を作り価格を下げ、その他の市場への波及効果を狙っている。

カリフォルニアには２万台以上のスクールバスが存在するが、そのほとんどはディーゼル車が用いられてきた。１日に１～２時間をスクールバスで過ごす児童・生徒も珍しくなく、排ガスによる健康影響が指摘されてきた。こうした気候変動対策と大気汚染対策として、カリフォルニア州や州内の学区（自治体）では、スクールバスの更新時に徐々にEVへの転換を進めている。特に低所得層が多く大気汚染が著しい地域に対しては、州政府が学区（自治体）に対して補助金を出し、EVスクールバスへの転換を進めている。

④　業務・家庭部門の対策

業務・家庭部門の建物の中でのGHG排出量は、主に電力と天然ガスの消費に由来し、全体の排出量の約２割と交通部門に次ぐ大きさである。そのエネルギー消費・排出源は、暖房、冷房、調理、空調、照明などがある。それぞれのエネルギー消費は建物の性能と密接に関係している。例えば、冷暖房のエネルギー消費は建物の断熱性能に依存し、照明のエネルギー消費は建物の採光に依存する。このため、建物のGHG削減を考える際には設計から建設、解体に至るまでのライフサイクルで考える必要がある。

1970年代のエネルギー危機（1970s Energy Crisis、日本では石油危機として知られる）以降、カリフォルニア政府ではTitle 24プログラムという新増築の建物向けのエネルギー効率達成義務を世界に先駆けて導入してきた。2006年のAB32の導入を受けて、アメリカで初めて新増築する建物に対する義務的なGHG排出削減・節水・省資源化のためのグリーンビルディングスタンダード（CALGreen）を2009年から導入した。同スタンダードは設計・建築・解体を通じて環境とコミュニティに与える悪影響を最小化する総合的な評価・規制が特徴であり、2030年までにGHGの40％削減（1990年比）を目指して３年毎に見直されている。新増築される建築物は、その時点でのスタンダードで指定された省エネ基準等の義務を守りつつ、気候や建築物の種類に基づくベースラインとなる単位面積当たりエネルギー消費（ビルディング・エネルギー・バジェット）を遵守する必要がある。更に、2019年のグリーンビル基準改正においては、全米で初めて新築低層住宅における太陽光パネル設置の原則義務付けが追加された。また、今後は完全電化等を視野に入れている。

こうした業務・家庭部門では、建物の建て替えの期間は数十年から百年以上と、極めて長い。このため、上に述べたグリーンビルディングスタンダードによる義務的な政策介入が可能な新増築の建物（フロー）の数は、建物全体（ストック）の数十分の一と非常に限定的である。新増築の建築物への義務付けだけでは十分でなく、圧倒的大多数を占める建築ストックへの誘導的な政策介入も重要になる。このため、カリフォルニア州政府は電力会社を通じて様々な補助金（Energy Savings Assistance Program（所得制限あり）等）や低利融資プログラム（GoGreenFinancing等）を提供し、断熱改修や高効率家電・照明等の既存の住宅やビルに対しての省エネ投資を支援してきた。このほか、市民の既存住宅・ビルの省エネ投資への意識啓発・教育や情報提供のためのイニシアティブ（EnergyUpgrade California）も展開し、上記の補助金や低利融資を通じた省エネ投資につなげている。

サマリー

カリフォルニア州の部門横断、電力部門、交通部門、業務・家庭部門の具体的な政策を紹介した。前節で紹介したとおり、環境政策、技術政策、長期技術変化の観点から、2045年のカーボンニュートラルに向けて様々な政策ツールを組み合わせている。

Questions

☐ **問題 1**　本節で紹介したカリフォルニア州の政策の中から、①電力の脱炭素化、②エネルギー利用の電化、③エネルギー利用の効率化のそれぞれを推進する具体例を一つずつ述べよ。

☐ **問題 2**　本節で紹介したカリフォルニア州の政策の中から、①環境政策の側面、②技術政策の側面のそれぞれに対応する具体例をそれぞれ一つずつ述べよ。

セクション 4

日本は何を学べるか

Keywords
インフラ投資と雇用

我々の社会は、その隅々まで化石燃料によって支えられてきた。気候変動がもたらす危機は、現在の化石燃料を基盤とする社会から、再エネを基盤とする社会へと30年程度の期間での大転換を迫っている。この社会基盤の大転換は、生活や雇用のあらゆる側面に影響を与える。国や地方自治体は、政策を通じて市民や企業をこの大転換に誘導する役割を持つと同時に、大転換が持つ市民や企業への負の影響を政策によって緩和するという役割も持つ。いずれについても、変化について具体的なイメージを持つことが大切である。

未来を予想することは容易ではないが、一歩先を行く社会をよく観察することは、未来予測の一つの方法である。この章で紹介したカリフォルニア州は、気候変動対策という点では大きく日本の先に進んでいるように思われる。どの国や地域にとっても、カーボンニュートラルの実現に向けた技術的、社会的、経済的な課題は山積している。それはカリフォルニア州も例外ではない。こうした先進地域の成功も失敗も、日本で政策を考える際の検討材料となる。また、新たな低炭素技術や政策が導入された大転換後の社会の姿も見えてくる。この後発組の利益を活用しない手はない。カリフォルニア州に限らず、高い脱炭素化の目標を掲げ、再エネを基盤とする社会への移行を進める国々の成功と課題の事例を収集することが有効である。

カーボンニュートラル実現のための道のり・経路は様々な可能性があるが、その全てに共通するのが、インフラへの巨額の投資と雇用の創出である。例えば、プリンストン大学の研究では、アメリカにおける2050年までのカーボンニュートラル実現のための追加的な投資額は、少なくとも280兆円（１ドル115円として換算）と推定された[14]。これはアメリカのGDPの約12％に相当する。電力、熱利用、交通、建築物等のインフラの刷新には巨額の資金と大量の雇用・労働力の投入が不可欠である。また、これらのインフラは国土の隅々に存在していることから、その経済的な影響は大都市のみに集中するものではない。

したがって、その投資を政策的に誘導し、実行への道筋をつける国や自治体の責任は大きい。様々な政策ツールを用いて、いかに官民の脱炭素投資を効果的に誘導し、大転換を達成できるかが重要である。脱炭素化のための技術、そしてその導入を促す政策、それらの組み合わせは無数に存在する。政策立案の現場では、それらの組み合わせを選び取っていくことになる。本章で紹介した脱炭素化の方向性、政策立案の基本的な考え方が、それぞれの地域における政策と技術の選択における一つの参考となることを期待したい。

サマリー

カリフォルニア州など、気候変動政策について先進的な取り組みをすすめる国や地域の成功も失敗も、日本で政策をつくる際の参考になる。世界中から情報を集め、世紀のインフラ大刷新の機会を活かしたい。

＜参考文献＞

(1) Ehrilich, P. R. and Holdren, J. P. (1971). Impact of Population Growth on JSTOR. Science, 171 (3977):1212-1217.

(2) CARB, Current California GHG Emissions Inventry Data. https://ww2.arb.ca.gov/ghg-inventory-data (accessed 2021-12-01)

(3) Viscusi, W. K., et. al, (2018). Economics of Regulation and Antitrust, Fifth Edition.

(4) Huang S. K. et al. (2016) The applicability of marginal abatement cost approach: A comprehensive review. Journal of Cleaner Production, 127:59-71

(5) Nemet, G. F. (2019). How solar energy became cheap: A model for low-carbon innovation. Routledge.

(6) Jamasb, T. (2007). Technical change theory and learning curves: Patterns of progress in electricity generation technologies. Energy Journal, 28 (3):51-71.

(7) Jaffe,A. B., et al. (2005), A tale of two market failures: Technology and environmental policy, Ecological Economics, 54: 164-174

(8) Taylor, M. (2008). Beyond technology-push and demand-pull: Lessons from California' s solar policy. Energy Economics, 30 (6):2829-2854.

(9) IRENA (2021), Renewable Power Generation Costs in 2020. Technical report. https://www.irena.org/publications/2021/Jun/Renewable-Power-Costs-in-2020 (accessed 2021-12-01)

(10) Rubin, E. (2001). Introduction to engineering and the environment. McGraw-Hill, Boston, 1 st ed. edition.

(11) Jones-Albertus, R. (2017). Confronting the Duck Curve: How to Address Over-Generation of Solar Energy. https://www.energy.gov/eere/articles/confronting-duck-curve-how-address-over-generation-solar-energy

(12) Muhmud, Z., Shiraishi, K., Abido, M. Y., Sánchez-Pérez, P. A., Kurtz, S. (2023). Hierarchical approach to evaluating storagerequirements for renewable-energy-driven grids.iScience, 26(1), https://doi.org/10.1016/j.isci.2022.105900

(13) ユージン・バーダック (2012).「政策立案の技法 問題解決を「成果」に結びつける8つのステップ」. 東洋経済新報社

(14) Princeton University (2021). Net-Zero America: Potential Pathways, Infrastructure, and Impacts, https://netzeroamerica.princeton.edu/

Questions（9ページ）

問題1

質問 **大気中のCO_2濃度の上昇している原因と、それに伴って起こる気候変動について説明しなさい。**

解答 人間社会のエネルギー需要を満たすため化石燃料が燃焼されCO_2が発生し、それにともなって大気中のCO_2は上昇している。その他には、森林伐採によって、伐採された木材の燃焼及び腐食に伴いCO_2が発生している。大気中のCO_2濃度の上昇は、温暖化を引き起こすのと同時に、熱波、大雨、氷床や氷河の融解、海水面の上昇なども起こす。

問題2

質問 **完新世の気候変動の特徴と、人間社会の形成における役割を説明しなさい。**

解答 完新世の気候は、氷河期に比べて温暖で安定していた。この気候の中で、人間社会は継続して農耕を営むことが可能となり文明が生まれ、現在の複雑な社会を生み出すに至った。

問題3

質問 **産業革命以降の世界平均気温の上昇を1.5℃未満にするために、いますべきことを、その理由と共に説明しなさい。**

解答 産業革命以降の世界平均気温はすでに1.1℃以上に達している。1.5℃未満に抑えるためには、2050年までに世界全体でCO_2排出を実質ゼロとする必要がある。すでに化石燃料より安くなりつつある太陽光や風力などの再生可能エネルギーへの移行を加速することが有効である。

Questions（23ページ）

問題1

質問 **都市のエネルギー需要には、どのようなものがあるか説明しなさい。**

解答 都市のエネルギー需要は、大きく分けて建物で消費されるエネルギーと、交通で消費されるエネルギーに分けられる。CO_2排出を伴うエネルギー消費は、建物では、暖房、給湯、厨房などがあり、交通では、自動車のガソリン・ディーゼル燃焼が大きい。

問題2

質問 **自動車の使用エネルギー別の種類を説明しなさい。**

解答 ガソリン車などの内燃機関自動車（ICE：Internal Combustion Engine Vehicle）、電気自動車（BEV：Battery Electric Vehicle）、プラグインハイブリッド電気自動車（PHEV: Plug-in Hybrid Electric Vehicle）、ハイブリッド車（HEV: Hybrid Electric Vehicle）、燃料電池車（FCV: Fuel-Cell Vehicle）などがある。

問題3

質問 **都市の脱炭素化を、どのように経済的に行うか説明しなさい。**

解答 建物の断熱改修、高効率機器（LED等）への買い替えなどエネルギー効率の改善は、経済性の高い脱炭素化と言われている。また、屋根上PVなどの再生可能エネルギーも、コストが大きく下がっており（今後も下落が予想される）、正しく設置すれば経済性の高い脱炭素化が可能となる。また、屋根上PVとEVを組み合わせるなどセクターカップリングも有効な方法である。

Questions（43ページ）

問題 1

質問 **都市において、屋根上PVとEVを使った脱炭素化を行う際の技術経済性分析のやり方を簡単に説明しなさい。**

解答 まず、屋根上PVとEVの初期投資に必要な額を計算する。EVは、買い替えを前提として、ガソリン車と比較した差額とV２Hを含む追加的なコストを積む。次に、屋根上PVとEVを設置後に、25年間に渡ってどのくらいエネルギーの節約につながるかSAMを使って計算する（PVの劣化、維持費、バッテリー交換のコスト込み）。そして、割引率を考慮した正味現在価値（NPV）を計算する。最も、NPVの大きくなるPV容量を決めて、NPVが正の数であれば投資を決定する。

問題 2

質問 **あなたの街の年間消費電力と乗用車数を調べ、京都の例に倣って街全体の年間電気代とガソリン代、CO_2排出量を計算しなさい。**

解答 詳しい計算は、節を参照。市役所などの温暖化対策のウェッブページなどに必要な情報があることが多い。直接のデータがなくても、間接的に見積もることを考える。例えば、一人当たり年間消費電力量（日本の平均、県の平均など）に、人口をかけて計算するなど。

問題 3

質問 **あなたの都市のPVのみとPV+EVを使った脱炭素化ポテンシャル（エネルギーコスト削減率、エネルギー充足率、自家消費率、電力自給率、CO_2排出削減率）を、京都の例に倣って計算しなさい。**

解答 詳しい計算は、節を参照。京都の分析に用いたSAMファイルを使う。情報が見つからないときは、京都のデータを用いて計算する。

Questions（50ページ）

問題 1

質問 **都市の脱炭素化のための多層視点分析（MLP）について説明しなさい。**

解答 都市のエネルギーを支える社会システムを社会技術システムとして考え、そのシステムに外的影響を与える因子をランドスケープ、次代のエネルギーシステムの基盤となりうるサービスや技術をニッチイノベーションとして、その三つの関連を分析したもの。

問題 2

質問 **あなたの都市の脱炭素化に向けたトランジッションを、MLPを使って説明しなさい。**

解答 前問の３つの要素の動きが、関連しあいながら同じ方向に向かって大きな流れを作り出せる戦略を考察する。

問題 3

質問 **都市の脱炭素化を加速するために、重要な公平性の課題について説明しなさい。**

解答 屋根上PVやEVなど新しい技術は、その普及において、公平性に関わる課題を生むことがある。公平性を確保するために、トランジッションを遅らせるのではなく、負の影響を受けるステークホルダーに対処する施策を考える。そうすることで、トランジッションがよりスムーズに行われる。

第２章のQuestionsの解答

Questions（70ページ）

問題１

質問 **脱炭素化に用いることができる自治体の資源を説明しなさい。**

解答 資金・人員・権限・時間・知恵・ネットワークの六つである。

問題２

質問 **直接排出と間接排出の違いについて説明しなさい。**

解答 直接排出とは、電気等の二次エネルギーに転換される温室効果ガスを生産場所（発電所等）の排出量としてカウントする方式であり、間接排出とはエネルギーの消費地の排出量としてカウントする方式である。

問題３

質問 **バックキャスティングとフォアキャスティングの違いについて説明しなさい。**

解答 バックキャスティングとは、長期目標・あるべき将来を決め、そこから逆算し、それを実現できるように短期目標や施策を定める手法である。他方、フォアキャスティングとは、現状から出発し、可能な施策を積み重ねて短期目標とし、長期目標・あるべき将来を定める手法である。

Questions（79ページ）

問題１

質問 **自治体として脱炭素化の意思を示す方法について説明しなさい。**

解答 ①首長の宣言、②計画での目標設定、③議会の決議、④条例の四つである。①→④の順で住民の意思をより強く・広く示すことになり、将来にわたる変更の可能性が小さくなる。

問題２

質問 **法令・条例によって行動変容を促す方法について説明しなさい。**

解答 規制、価格、情報である。規制とは、一定の行動を制限したり、義務化したりすることによって、望ましい行動を促す。価格とは、社会的に望ましい行動に要する価格を低下させ、望ましくない行動に要する価格を上昇させることによって、望ましい行動を促す。情報とは、合理的な意思決定を促すための情報提供を行政や事業者に課し、望ましい行動を促す。

問題３

質問 **政策立案者が利用できる行動科学的手段について説明しなさい。**

解答 情報の単純化とフレーミングは、複雑な情報を単純化することで、情報過多を防ぐ手段である。物理的環境の変更は、選択が無意識のうちに意思決定に大きな影響を与えることを利用する手段である。デフォルト方針の変更は、現状維持バイアスで人が変化に抵抗を示すことを利用する手段である。社会規範と社会的比較の利用は、周囲の人の行動、同じ状況にある他人との比較、道徳的命令からの影響を用いる手段である。フィードバックメカニズムの利用は、日常的な消費選択による環境外部性についての認識を高める手段である。賞罰制度は、行動を物質的な報酬に対応させる手段である。目標設定とコミットメントデバイスは、明確で測定可能な目標を設定し、進捗状況を定期的に追跡することで、努力を要する行動変容を促す手段である。

Questions（88ページ）

問題 1

質問 **土地利用を規定する法令について説明しなさい。**

解答 建築基準法、都市計画法、農業振興地域の整備に関する法律（農振法）、森林法、自然公園法等と国の複数の法令によって規定され、法令の重複エリアや無対象（白地）エリアが存在し、さらに都道府県と市区町村に分散的なかたちで権限付与されている。

問題 2

質問 **まちづくりにおいて市場の失敗が発生しやすい理由を説明しなさい。**

解答 自然環境のように価格に反映されにくい資源が損なわれ、経済的価値の低いニーズが反映されず、結果的に両者を整合できないため。

問題 3

質問 **ショートウェイシティについて説明しなさい。**

解答 人々の移動に着目して人口密度を高め、生活・経済の価値と環境の価値を同時に高める考え方である。住民の近距離移動の可能性を高めるよう、店舗、オフィス、公共施設等の住民サービス施設を住宅エリアに織り込む。

Questions（98ページ）

問題 1

質問 **公共施設の脱炭素化を優先すべき理由について説明しなさい。**

解答 自治体には地域の脱炭素化を先導する責務がある。自治体は多くの場合、その地域内で最大級の排出事業者である。高度経済成長期に整備された多くの公共施設が更新期を迎えている。施設供用期間のトータルコストを最小化できる。脱炭素化のショーケースとすることで住民の理解を促す。

問題 2

質問 **公共施設を脱炭素化するプロセスを説明しなさい。**

解答 公共施設の立地、機能、寿命、形状を決めてから、室内環境の維持に要するエネルギー消費のあり方を検討する。①断熱性、②気密性、③日射、④換気、⑤通風、⑥エネルギー消費設備、⑦再生可能エネルギー熱、⑧再生可能エネルギー電力の順で、いったん最高レベルの設計・設備にするとの仮定を積み上げてから、逆の順番に沿って、予算額に至るまで、設計・設備を引いていく。

問題 3

質問 **公共施設の脱炭素化において、ステークホルダーを巻き込むことの重要性を説明しなさい。**

解答 第一に、100年単位の長期にわたって、住民によって高い稼働率で使われる施設は、住民が得る便益に対して排出量を大幅に抑制できるため。第二に、地域の建設事業者や施設を利用するスタッフ、住民等の学習の機会とすることで、脱炭素化される公共施設の整備手法や技術、適切な使い方を学べるため。

Questions（101ページ）

問題 1

質問 **Plan（計画）について説明しなさい。**

解答 従来の計画・施策が課題を解決できていない理由を明らかにし、その改善策を講じた上で、課題の真因を徹底的に追求し、その意味合いを抽出する。それによって、自ずと解決策の方向性が見いだされ、最終的に解決策としてステークホルダーで合意形成したもの。

問題 2

質問 **Do（実行）に際して留意すべきことを説明しなさい。**

解答 必ず不測の事態が発生するため、その都度、事態の真因を追求し、解決策を立案し、実行し、その結果を反映するミニPDCAを高速に回す必要がある。

問題 3

質問 **Check（評価）とAction（改善）について説明しなさい。**

解答 Check は、Planの見込みとDoの結果の差を明確にし、差が生じた真因を追求する。Action は、Checkで明らかになった真因の解決策を講じるとともに、Planの前提から根本的に見直して、次に取るべき方針を決める。

第３章のQuestionsの解答

Questions（114ページ）

問題１

質問　**地域循環共生圏やSDGsでは、自治体コミュニティの脱温暖化や再エネ事業をどう捉えているか、説明しなさい。**

解答　地域循環共生圏では、21世紀のエネルギーを地域に分散して賦存する再エネ資源に移行することを前提とする。またSDGsの７番目のアジェンダは、「エネルギーをみんなにそしてクリーンに」とされる。エネルギー供給源として新たなビジネスを展開することが期待される。

問題２

質問　**自治体レベルで地域経済効果を測定するとき、地域付加価値創造分析を用いることの優位性を説明しなさい。**

解答　経済効果を測定する時にはしばしば産業連関分析が用いられる。産業連関表は、国レベルから都道府県レベル、政令指定都市レベルといった具合に、トップダウン的に地域を限定して小地域化してゆくから、基礎自治体レベルまでブレークダウンすると精度が粗くなってしまうという課題がある。一方、地域付加価値創造分析は、実際のプロジェクトからボトムアップ的に積み上げていくことから、実証性が高い。

問題３

質問　**自治体レベルの地域付加価値創造の３つの要素を答えなさい。**

解答　事業者の税引後利潤、従業員の可処分所得、地方税収

Questions（131ページ）

問題１

質問　**再エネ事業の地域付加価値創造分析では、技術毎に個別に試算をした上で、それらを総合化している。その理由はなぜか、説明しなさい。**

解答　地域付加価値創造分析では、対象とする事業それぞれにバリューチェーンを構築して付加価値を積み上げる。再エネ発電事業でも技術毎に違いがあり、また熱供給事業も異なった性質を持つ。そのため、まずは技術ごとに計算したうえで、対象事業を総合化している。

問題２

質問　**あるコミュニティの電力需要を100％再エネ電力で賄おうとするシナリオを構築するとき、どのような単位を使うのが望ましいか、答えなさい。**

解答　再エネ発電所は、技術によって設備利用率が大きく異なる。そのため、単位設備容量（kW）で発電できる電力量（kWh）も異なってくる。電力需要と比較する場合には、電力量（kWh）を用いて整合性をとり、そのために必要な発電技術の導入容量（kW）を算出することが望ましい。

問題 3

質問 **再エネ100%を達成することは、地域経済に貢献すると言えるかどうか、検討しなさい。**

解答 先進的な西粟倉村において、実例をもとにした地域付加価値創造額をもとに、再エネ100%のシミュレーションを行うと、自主財源のうち村税収入と同等の地域付加価値が創造されると試算される。これは、村の経済にとって重要な貢献であると言える。

Questions（142ページ）

問題 1

質問 **すべての自治体コミュニティは、地産地消にこだわるべきかどうか、考えてみなさい。**

解答 地域の資源を利活用してエネルギーを自給自足する地産地消は、持続可能性の面からもっとも理想的な形であるが、必ずしもすべての地域で達成できるものではない。そうした場合には、広域融通を活用して他地域から調達することも有用である。

問題 2

質問 **域外から再エネ電力を調達することで自治体コミュニティの脱温暖化を実現しようとするとき、どのような選択肢が考えられるか、述べなさい。**

解答 まず、域外の再エネ発電事業に当該自治体や事業者が出資することで、環境価値を入手する方法が考えられる。ただし、そのためには初期投資額は多大になる。そこで、別途発電事業者とPPA契約を結ぶことで、比較的低い初期投資額で、環境価値を入手することも考えられる。

第4章のQuestionsの解答

Questions（158ページ）

問題1

質問 **地域エネルギー事業とはどのような事業か、地域にどのような便益をもたらすかについて説明しなさい。**

解答 地域エネルギー事業とは、脱炭素や経済効果と同時に地域の課題解決に取り組む地域主体の再生可能エネルギー事業および省エネルギー事業であり、経済的便益だけでなく社会的便益をもたらす。

問題2

質問 **地域エネルギー事業にとっての政策的課題について説明しなさい。**

解答 第一にFIT・入札・FIP制度などは規模や経済効率性を重視しているため、小規模な事業を始めることが難しくなっていること。第二に系統連系問題があり、変動性再生可能エネルギーの事業採算性が見通しにくくなっていること。第三に地域での再生可能エネルギー事業への受容性が低下し、規制政策が増えていること。

問題3

質問 **地域エネルギー事業にとって重要なリスクについて説明しなさい。**

解答 規制、許認可、制度改正、系統連系、合意形成などの制度リスク、事業活動による環境変化が人の健康や生態系に及ぼす影響などの環境リスク、暴風、豪雨、豪雪などの自然災害とそれに伴う土砂災害、落雷などの自然災害リスク、オペレーションミス、人材不足などの人的リスク

Questions（169ページ）

問題1

質問 **再エネ特措法におけるFIT、FIPの主な違いについて説明しなさい。**

解答 第一に、FIT制度では発電した電気を小売電気事業者（後に送配電事業者）が買い取り、FIP制度では発電事業者が卸電力取引市場や相対取引で売電先を見つけるか、アグリゲーターが発電事業者の代わりに取引を行う。第二にFIT制度では電力を固定の価格で買い取っていたが、FIP制度では市場価格に上乗せするプレミアム分が補助として支払われ、市場の毎月の価格変動と連動してプレミアム分も変動する。第三に、再生可能エネルギーの電気が持つ環境価値は、FIT制度では小売電気事業者が持ち、FIP制度では発電事業者に帰属する。

問題2

質問 **主な営農型太陽光発電の仕組を説明しなさい。**

解答 水田や畑作、牧畜などを行っている土地に、2.5m～4mの高さの架台に間隔を空けて太陽光発電を設置し、作物の種類に応じて育成に必要な日光を取り入れることで、作物栽培と太陽光発電を両立させる。

問題3

質問 **PPA/TPOモデルについて説明しなさい。**

解答 太陽光発電や蓄電池などの発電事業者が、投資家や企業から資金を募り、住宅や建物の屋根に太陽光発電を設置し、建物のオーナーに電力を供給する。

Questions（181ページ）

問題 1

質問 **太陽光発電と他の再生可能エネルギー発電事業の大きな違いについて説明しなさい。**

解答 ①資源量や利用可能量の詳細調査が必要である　②初期投資額が大きいものが多い　③施設設置場所が限られる　④維持管理の手間がかかる　⑤リードタイムが長い

問題 2

質問 **地域エネルギー事業の事例を調べ、そのスキームや地域の課題解決策について説明しなさい。**

解答 地域主体が関わる事例であること、本文を参考にスキーム図を書いてみること、地域の課題に対して経済的に支援することやレジリエンス向上などの形で関わることなどを挙げる。

問題 3

質問 **エネルギーの地域間連携の事例を調べ、双方のメリットについて説明しなさい。**

解答 世田谷区の公立保育園などで長野県企業局所有の水力発電の電気を購入している事例では、再生可能エネルギーのポテンシャルが小さい都市部の需要とポテンシャルが大きい地域の供給力を結び、環境教育や都市間交流などにも発展できることが挙げられる。

Questions（192ページ）

問題 1

質問 **地域新電力のスキームについて説明しなさい。**

解答 地域企業が中心となり、自治体は出資せずに政策支援を行うケースや自治体が地域外企業と連携して地域新電力を立ち上げるケースもある。電源としては自治体所有の太陽光発電や廃棄物発電、地域外と連携した再エネ電源、電力市場からの調達、バランシンググループでの調達によって賄うことが基本となる。最初に大口の公共施設を需要家として収益性を確保しつつ、高圧の事業所、低圧の家庭と展開していくことが多い。

問題 2

質問 **地域新電力における再生可能エネルギーの活用、地域主体の関わり、地域の課題解決の現状について説明しなさい。**

解答 地域新電力の再生可能エネルギー電気および地域のFIT電気の割合は30％程度とそれほど高くない。1/3超を「単独」で出資する地域企業がいる自治体新電力（全6社）はすべて需給管理又は料金請求業務を内製化しており、経営にコミットする地域企業がいると業務の内製化・地域化が進む事例が多い。地域新電力には地域のインフラやまち造りに関わってきた企業が参画している事例も多いことから、インフラやシステムの転換も含めて地域課題の解決を提案している事例が多い。

問題 3

質問 **地域エネルギー事業の今後の事業領域の拡大について説明しなさい。**

解答 今後の地域エネルギー事業の対象は、電力・熱に限らず蓄電・建築・交通との統合まで広がり、デジタル化を活用したビジネスモデルと連携する可能性が高い。こうしたエネルギーシステムやビジネスモデルの転換を、少子高齢化や防災、交通弱者などの地域の課題解決と具体的に結んでいくことが重要である。

第5章のQuestionsの解答

Questions（205ページ）

問題1

質問 **図1を参考に、2000年を参照年として日本のGHG排出のデカップリングの進展をIPATのグラフ作成の上で説明しなさい。**

解答 グラフは省略。2000年以降、日本の人口（P）は概ね一定であるが、一人あたりGDP（A）は10％以上増加している。その一方でGHGの排出量（I）は10％以上減少している。すなわち、技術（T）の向上によって経済成長とGHG排出のデカップリングが実現している。

問題2

質問 **あなたの家庭や会社で考えられる電化やエネルギー使用の効率化への投資の例（十万円以上）を一つ挙げなさい。**

解答 二重窓の導入等による建物の断熱性能の向上、社用車の燃費の良いハイブリッド車や電気自動車への乗り換え、化石燃料を用いる暖房や給湯のヒートポンプへの転換など。

Questions（215ページ）

問題1

質問 **一軒家の窓を二重窓に変える場合、必要な費用は20万円で、年間3万円の電気代削減、CO_2排出効果は年間0.5トンだという。割引率を2％とすると、この対策の限界削減費用はいくらか。**

解答 限界削減費用を計算する式に代入し、約1.5万円/t-CO_2。

問題2

質問 **現在、5つの温暖化対策技術があり、それぞれの限界削減費用［千円／t-CO_2］と排出削減量［百万t－CO_2］の組み合わせは（2、3）、(－1、2）、(10、1）、(5、1）、(20、1）である。MACカーブを描け。また、年間6百万t-CO_2の削減を最小の費用で達成したい場合、どの技術をどのように組み合わせるべきか、答えよ。**

解答 MACカーブは省略（**図4**を参照）。MACカーブと年間6百万t－CO_2からの垂直線との交点が求める点になる。すなわち（－1、2）、(2、3）、(5、1）をすべて実施することで最小費用で目標を達成できる。

問題3

質問 **問題1の対策が、いずれもすぐに実施可能であると仮定する。年間5百万トンのCO_2を削減したい場合、少なくともいくらの炭素税をかける必要があるか、答えよ。**

解答 同様に、MACカーブと年間5百万t-CO_2からの垂直線との交点が求める点となる。すなわち、炭素価格が2千円／t-CO_2よりも大きく、5千円／t-CO_2よりも小さい場合に、年間5百万t－CO_2の排出削減が実現する。

問題 4

質問 **太陽光発電システムの世界の累積導入量は今後10年で 4 倍になるという予測がある。その予測に従うと、太陽光発電システムのコストは同期間に何％下がるか、学習曲線を用いて計算せよ。なお、過去のコストデータよりb＝0.51が得られているものとする。**

解答 $C/C_0=(V/V_0)^{\wedge}(-b)=4^{\wedge}(-0.51)=0.49$。したがって、太陽光発電システムのコストは現在から51％減少すると予測できる。

問題 5

質問 **住宅の平均耐用年数が40年であるとする。住宅のストックが一定として、一年間に何％が新築住宅と入れ替わるだろうか。**

解答 住宅ストックの2.5％（1／40)が 1 年間に新築住宅と入れ替わる。

Questions（227ページ）

問題 1

質問 **本節で紹介したカリフォルニア州の政策の中から、①電力の脱炭素化、②エネルギー利用の電化、③エネルギー利用の効率化のそれぞれを推進する具体例を一つずつ述べよ。**

解答 ①排出量取引やRPS、②スクールバスのEV化やZEV規制、③グリーンビルディングスタンダード、Energy Savings Assistance Programなど。

問題 2

質問 **本節で紹介したカリフォルニア州の政策の中から、①環境政策の側面、②技術政策の側面のそれぞれに対応する具体例をそれぞれ一つずつ述べよ。**

解答 ①排出量取引やグリーン・ビルディング・スタンダード（温室効果ガdスの外部不経済をカーボンプライシングで内部化したり排出削減に必要な対策を義務化したりする)、③RPSや蓄電池導入義務付け、クリーン燃料スタンダード（高価格で未熟な技術の市場を政策的に拡大し、価格低下を図る）。

欧文

和文

あ行

た行

な 行

は 行

執筆者紹介

第1章

小端　拓郎（こばし　たくろう）
東北大学　大学院環境科学研究科　准教授

1974年、静岡県生まれ。北海道大学学士、米国テキサスA＆M大学修士、米国カリフォルニア大学サンディエゴ校スクリプス海洋研究所博士課程修了。Ph.D.専門は気候変動、再生可能エネルギー、都市の脱炭素化。地球環境戦略研究機関、国立極地研究所、スイス・ベルン大学、自然エネルギー財団、国立環境研究所等での勤務を経て2022年４月から現職。京都未来門プロジェクト代表。編著書に「都市の脱炭素化」がある。

第2章

田中　信一郎（たなか　しんいちろう）
千葉商科大学　基盤教育機構　准教授

1973年、愛知県生まれ。明治大学大学院政治経済学研究科博士後期課程修了。博士（政治学）。専門は公共政策。国会議員政策担当秘書、明治大学政治経済学部専任助手、横浜市、内閣府，内閣官房、長野県、自然エネルギー財団等での勤務を経て2019年４月から現職。一般社団法人地域政策デザインオフィス代表理事。環境省、長野県、ニセコ町等の委員等を歴任。主な著書に「信州はエネルギーシフトする」（築地書館）等がある。

第3章

中山　琢夫（なかやま　たくお）
千葉商科大学　基盤教育機構　准教授

1976年、香川県生まれ。同志社大学大学院総合政策科学研究科博士課程（後期課程）研究指導認定退学、博士（政策科学）(同志社大学)。JSTプロジェクト研究員、京都大学大学院経済学研究科研究員、同特定助教、同特定講師、千葉商科大学基盤教育機構専任講師を経て、2022年４月より現職。専門は、環境経済学、地域経済学、再生可能エネルギー経済学。

第4章

山下　紀明（やました　のりあき）
特定非営利活動法人環境エネルギー政策研究所　主任研究員（理事）
京都大学　経済学研究科・武蔵野大学　工学部　非常勤講師

1980年、大阪府生まれ。京都大学工学部卒業、京都大学大学院地球環境学舎環境マネジメント専攻修士課程終了（地球環境学修士)。ベルリン自由大学大学院政治・経済学専攻博士課程中退。2005年から環境エネルギー政策研究所で自治体のエネルギー政策策定や地域エネルギー事業の立上げ支援を行う。太陽光発電開発の地域トラブルや自治体の条例対応などについてもまとめている。2022年４月より名古屋大学大学院環境学研究科博士課程（知の共創プログラム特別コース)。

第5章

白石　賢司（しらいし　けんじ）
カリフォルニア大学バークレー校　再生可能・適正エネルギー研究所　研究員
（同大学博士課程在学中）

東京大学にて工学学士及び工学修士を取得後、環境省に入省し、国内外の地球温暖化対策や廃棄物・リサイクル政策等に従事。同省課長補佐、公益財団法人地球環境センター事業部長、カリフォルニア大学バークレー校公共政策学大学院を経て、現在はカリフォルニア大学バークレー校再生可能・適正エネルギー研究所及び国立ローレンス・バークレー研究所にてアメリカやアジアの環境エネルギー政策の研究を行っている。一般社団法人クライメート・インテグレート理事。

2023年5月1日　初版第1刷発行

都市の脱炭素化の実践

NDC：519　（定価はカバーに表示してあります）

編　　著　小　端　拓　郎
執　　筆　小　端　拓　郎
　　　　　田　中　信一郎
　　　　　中　山　琢　夫
　　　　　山　下　紀　明
　　　　　白　石　賢　司

発 行 者　吉　田　幸　治
発 行 所　株式会社 大 河 出 版
（〒101-0046）東京都千代田区神田多町２－９－６
TEL　(03)3253-6282（営業部）
　　　(03)3253-6283（編集部）
　　　(03)3253-6687（販売企画部）
FAX　(03)3253-6448
https://www.taigashuppan.co.jp
info@taigashuppan.co.jp
振替　00120-８-155239 番

〈検印廃止〉
落丁・乱丁本は弊社までお送り下さい。
送料弊社負担にてお取り替えいたします。

印　　刷　奥村印刷株式会社
製　　本　オクムラ製本紙器株式会社

ISBN 978-4-88661-854-2 C 3050